U0313441

普通高等教育"十四五"规划教材

有机化学实验

主　编　马巧焕
副主编　李　美　杨　敏

北　京
冶金工业出版社
2024

内 容 提 要

本书以普通高等院校环境、化学、生物、材料和矿业等专业的主要实验内容为基础，精选了 59 个实验，系统而精炼地讲解了有机化学实验室安全知识，有机化学试剂基本知识，有机化学实验常用仪器及装置，有机化合物的物理性质及测定方法，有机化合物的分离、提纯、合成与制备，天然有机物的提取及分离，有机化学在工业中的应用等，附录部分包含常用元素的相对原子质量、常用试剂的纯化与配制等。

本书可作为高等院校环境、化学、生物、材料和矿业等专业的本科生实验教材，以及相关专业研究生科研试验时的参考用书，也可供相关研究院所的科研人员和生产单位工程技术人员参考使用。

图书在版编目 (CIP) 数据

有机化学实验/马巧焕主编. —北京：冶金工业出版社，2024. 2
普通高等教育"十四五"规划教材
ISBN 978-7-5024-9742-2

Ⅰ. ①有…　Ⅱ. ①马…　Ⅲ. ①有机化学—化学实验—高等学校—教材
Ⅳ. ①O62-33

中国国家版本馆 CIP 数据核字（2024）第 041788 号

有机化学实验

出版发行	冶金工业出版社		**电　话**	(010)64027926
地　址	北京市东城区嵩祝院北巷 39 号		**邮　编**	100009
网　址	www. mip1953. com		**电子信箱**	service@ mip1953. com

责任编辑　于昕蕾　美术编辑　吕欣童　版式设计　郑小利
责任校对　梅雨晴　责任印制　禹　蕊
三河市双峰印刷装订有限公司印刷
2024 年 2 月第 1 版，2024 年 2 月第 1 次印刷
710mm×1000mm　1/16；13.75 印张；267 千字；209 页
定价 36.00 元

投稿电话　(010)64027932　投稿信箱　tougao@ cnmip. com. cn
营销中心电话　(010)64044283
冶金工业出版社天猫旗舰店　yjgycbs. tmall. com
(本书如有印装质量问题，本社营销中心负责退换)

前　　言

　　有机化学实验是高等院校化学、药学、材料、食品、生物、环境和矿业等专业的一门专业基础课，对培养学生的基本实验实践技能、科研素养和创新能力起着至关重要的作用。

　　本书以普通高等院校环境、化学、生物、材料和矿业等专业的主要实验内容为基础，由北京科技大学矿业工程、环境工程、化学与生物工程三个专业的任课教师，结合不同专业多年的实验教学经验，以"基础-应用-创新"为导向，参阅北京理工大学、华中科技大学、中南大学、东北大学、中南大学、中国矿业研究院等多所高校及科研院所相关专业的实验指导教材及专业书籍，广泛借鉴国内外同类教材的优点，严格对照各专业"全国工程教育专业认证"标准，精选实验项目、优化实验案例、创新实验方法。从有机化合物物理常数测定、化合物制备、天然有机物提取到有机化学的工业应用等内容中精选实验项目，按照一定的逻辑关系编写而成。全书分为6章，第1章主要介绍了有机化学实验室安全知识、有机化学试剂基本知识、有机化学实验常用仪器及装置等内容；第2章介绍了有机化合物的物理性质及其测定方法；第3章介绍了有机化合物的分离和提纯；第4章介绍了有机化合物的合成与制备，包含33个实验，是本书的主要部分；第5章介绍了天然有机物的提取及分离；第6章介绍了有机化学在工业中的应用，主要涉及有机浮选药剂、选矿废水检测处理等内容，有助于加强有机化学理论与实践融合共进，培养学生的实践能力和创新能力。同时书中对实验的危险点、难点、关键点也有较详细的注释，每个实验后均有思考题，有助于学生建立起一个专业性的知识体系，促使学生在提高学习效果和能力的同时，增强学生的安全意识，守护学生的人身安全。

本书在编写过程中参考了许多兄弟院校的相关教材，得到了北京科技大学教务处的全程支持，在此一并表示诚挚的感谢。

由于编者水平有限，尽管我们对本书内容进行了认真的核验，书中难免还存有疏漏和不妥之处，敬请读者批评指正。

作　者
2023 年 10 月

目　　录

1 有机化学实验基础知识

1.1 有机化学实验室规则

有机化学是一门实验性很强的科学，有机化学实验是有机化学的重要组成部分。做好有机化学实验是学习有机化学不可缺少的重要环节。通过实验课的学习，能够使学生掌握有机化学实验的基本知识和基本技能，加深对理论知识的理解，提高学生观察分析、归纳总结和解决问题的能力。有机化学实验所用的药品种类很多，而且多数药品是易燃易爆、有毒或具有腐蚀性的物质。为了保证实验安全、正常地进行和培养良好的实验习惯，上实验课时学生必须遵守下列实验室规则：

（1）进入实验室前，必须对所做的实验内容认真预习，做好预习笔记，这样才能保证实验的顺利进行，从实验中学到更多的知识。

（2）进入实验室，首先要熟悉实验室及周围的环境，熟悉电源总闸、灭火器材、通风设备开关的位置和使用方法，了解实验室安全知识，以便安全地进行实验，及时处理意外事故。

（3）实验时要思想集中，认真操作，仔细观察，积极思考，如实地记录实验操作步骤和实验现象，要按照实验指导书和实验操作规程进行实验，不随意更改药品用量、实验条件或步骤。不得擅自离开岗位，不做与实验无关的事情，保持实验台面整洁和实验空间安静。如果发生安全事故，要镇静，及时采取相应措施并立即报告指导教师及实验室管理人员。实验结束后，应妥善保存实验记录，并根据原始记录及时写出实验报告。

（4）实验时要身着长袖、过膝的实验服，不准穿拖鞋、大开口鞋和凉鞋。不准穿底部带铁钉的鞋。长发（过衣领）必须束起或藏于帽内。进行有危险性的实验时，应使用防护眼罩、面罩和手套等防护用具。

（5）严禁在实验室内吸烟及饮食。保持实验台面、地面、水槽、仪器的清洁，暂时不用的仪器不要放在台面上。废酸应倒入废酸瓶内。废液应倒入指定的废液缸内。残渣、滤纸等固体废物要放入垃圾桶内。不能将废物扔入水槽，以免堵塞下水管道。

（6）药品用完后要立即盖好瓶盖。不要将未用完的药品倒回试剂瓶中，以免污染整瓶试剂，使其不能再用。

（7）爱护仪器，节约水、电和药品。如果损坏仪器，要及时报告，并填写仪器破损记录。

（8）实验完毕，应及时清洗仪器，放回原处。清理实验台面，处理废物，拔掉电源插头，由指导教师检查、签字后方可离开实验室。值日生负责整理公用仪器和试剂，打扫整个实验室卫生，最后关闭公用电器开关和电源总闸，关闭水龙头、煤气开关和门、窗。

1.2　有机化学实验室安全知识

1.2.1　实验注意事项

进行有机化学实验必须高度重视实验室的安全问题。在有机化学实验中经常使用易燃试剂（如乙醚、丙酮、乙醇、苯、乙炔和苦味酸等）、有毒试剂（如甲醇、硝基苯、氰化钠和某些有机磷化合物等）、有腐蚀性的试剂（如浓硫酸、浓盐酸、浓硝酸、溴和烧碱等）。这些药品若使用不当或不加小心，很可能发生着火、烧伤、爆炸、中毒等事故。此外，玻璃仪器、煤气、电气设备等使用不当或处理不当也会发生事故。因此，为了防止意外事故的发生，使实验顺利进行，要求学生除了严格按照规程操作外，还必须熟悉各种仪器、药品的性能和一般事故的处理等实验室安全知识。

（1）浓酸、浓碱具有强腐蚀性，切勿溅在皮肤和衣服上。用浓 HNO_3、HCl、$HClO_4$、H_2SO_4 等溶解样品时均应在通风橱中进行操作，严禁在实验台上直接进行操作。

（2）使用乙醚、苯、丙酮、三氯甲烷等易燃有机溶剂时，要远离火焰和热源，且用后应倒入回收瓶（桶）中回收，不准倒入水槽中，以免造成污染。

（3）使用易燃、易爆气体（如氢气、乙炔等）时，要保持室内空气流通，严禁明火并应防止一切火星的发生。如由于敲击、电器的开关等所产生的火花，有些机械搅拌器的电刷极易产生火花，应避免使用，禁止在此环境内使用移动电话。

（4）开启存有挥发性药品的瓶塞和安瓿时，必须先充分冷却然后再开启（开启安瓿时需要用布包裹）；开启时瓶口须指向无人处，以免液体喷溅而遭致伤害。如遇到瓶塞不易开启时，必须注意瓶内储物的性质，切不可贸然用火加热或乱敲瓶塞。

（5）汞盐、钡盐、铬盐、As_2O_3、氰化物以及 H_2S 气体毒性较大，使用时要特别小心。由于氰化物与酸作用，放出的 HCN 气体有剧毒，因此，严禁在酸性介质中加入氰化物。

（6）实验室如发生火灾，应根据起火的原因有针对性地灭火。酒精及其他可溶于水的液体着火时，可用水灭火；汽油、乙醚等有机溶剂着火时，用沙土扑灭，此时绝不能用水，否则反而扩大燃烧面；导线和电器着火时，应首先切断电源，不能用水和二氧化碳灭火器，应使用 CCl_4 灭火器灭火；衣服着火时，忌奔跑，应就地躺下滚动，或用湿衣服在身上抽打灭火。

1.2.2　常见事故的预防和处理

1.2.2.1　火灾

有机化学实验中所使用的试剂大多是易燃的，着火是最可能发生的事故之一。引起着火的原因很多，如用敞口容器加热低沸点溶剂、反应装置漏气等。为避免发生火灾，必须注意以下事项：

（1）使用有机试剂应远离火源，不用明火直接加热。特别是使用低沸点易燃有机溶剂时，实验室里不得有明火。根据实验要求和溶剂的特性选择水浴、油浴、电热套等间接加热方式。

（2）不能用敞口容器加热和盛放易燃、易挥发的溶剂。

（3）保证实验装置的气密性，防止或减少易燃气体外逸，注意室内通风。

（4）蒸馏或回流液体时应加沸石，防止液体暴沸冲出。蒸馏易燃溶剂时，将接收器支管与橡皮管连接，使多余的蒸汽通往水槽或室外。

（5）不得将易燃、易挥发溶剂直接倒入废液缸或垃圾桶，应按化合物的性质分别专门回收处理（如金属钠残渣要用乙醇销毁）。

（6）使用易燃、易爆气体（如氢气、乙炔等）时要保持室内空气畅通，严禁明火，并应防止一切火星的产生（如敲击、摩擦、扳动电器开关等）。

（7）实验室不得存放大量易燃、易挥发性试剂。

实验室如果发生着火事故，应沉着镇静，及时采取措施。首先，应立即关闭煤气，切断电源，熄灭附近所有火源，迅速移开周围易燃物，少量溶剂（几毫升）着火，切勿用嘴去吹，可用湿布盖灭。烧瓶内的溶剂着火，可用石棉网或湿布盖熄。其他小火也可用湿布或黄沙盖熄。一般情况下严禁用水灭火。衣服着火时，切勿奔跑，应立即用厚外衣或防火毯裹紧熄灭或用水冲灭。火势较大时，对于有机溶剂、油浴等的着火，千万别用水浇，应根据具体情况选用合适的灭火器材进行灭火。实验室常备灭火器有下面几种：

（1）二氧化碳灭火器。主要成分为液态 CO_2，适用于扑灭电气设备、油脂及其他贵重物品的着火。二氧化碳灭火器是有机化学实验室最常用的灭火器。使用时，一手提灭火器，一手应握在喷二氧化碳喇叭筒的把手上（不能手握喇叭筒，以免冻伤），打开开关，CO_2 即可喷出。这种灭火器灭火后的危害小。

（2）四氯化碳灭火器。主要成分为液态 CCl_4，适用于扑灭电器内或电器附近、小范围的汽油或丙酮等的着火。不能用于扑灭活泼金属钾、钠的着火，因为 CCl_4 高温下会分解，产生剧毒的光气，且与钾、钠接触会发生爆炸，故不能在狭小和通风不良的实验室中使用。

（3）泡沫灭火器。内含发泡剂 $Al_2(SO_4)_3$ 溶液和 $NaHCO_3$ 溶液，适用于一般失火和油类着火，但污染严重，后处理麻烦，且不能用于电器灭火。

（4）干粉灭火器。内含磷酸铵和碳酸氢钠等盐类物质，以及适量的润滑剂和防潮剂，适用于扑灭油类、可燃性气体、电气设备、精密仪器、图书文件等物品的初期火灾。

（5）酸碱灭火器。瓶胆和筒体内分别装有 65% 的工业硫酸和碳酸氢钠溶液，适用于扑灭一般可燃固体物质的初期火灾，但不宜用于扑救油类、忌水或忌酸物质及带电设备的火灾。需要注意的是，不管用哪一种灭火器灭火，都应从火的四周开始向中心灭火。一般情况下，严禁用水灭火，因为一般有机溶剂比水轻，泼水后，火不但不熄灭，反而漂浮在水面燃烧，火随水流蔓延，将会造成更大的火灾事故。若火势不易控制，应立即拨打火警电话"119"。

1.2.2.2　爆炸

在有机化学实验室，由于违章使用易燃易爆物，或仪器堵塞、安装不当及化学反应剧烈等，均能引起爆炸。在有机化学实验室中，发生爆炸事故一般有以下几种情况：

（1）空气中混杂易燃气体或易燃有机溶剂的蒸气压达到某一极限时，遇到明火即发生燃烧爆炸。

（2）某些化合物如过氧化物、干燥的金属炔化物等，受热或剧烈振动易发生爆炸。例如，含过氧化物的乙醚在蒸馏时有爆炸的危险，乙醇和浓硝酸混合在一起会引起极强烈的爆炸。

（3）仪器安装不正确或操作不当也可引起爆炸，如蒸馏或反应时实验装置被堵塞，减压蒸馏时使用不耐压的玻璃仪器等。

为了防止爆炸事故的发生，应严格注意下面几点：

（1）使用易燃易爆物品时，应严格按照操作规程操作，要特别小心。

（2）反应过于剧烈时，应适当控制加料速度和反应温度，必要时采取冷却措施。

（3）在用玻璃仪器组装实验装置之前，先检查玻璃仪器是否有裂纹或破损。

（4）常压操作时，全套装置必须与大气相通，不能使体系密闭，要经常检查实验装置是否被堵塞，如发现堵塞应停止加热或反应，将堵塞排除后再继续加热或反应。

（5）减压蒸馏时，不能用平底烧瓶、三角烧瓶等不耐压容器作为接收瓶或反应瓶。

（6）无论是常压蒸馏还是减压蒸馏，均不能将液体蒸干，以免局部过热或产生过氧化物而发生爆炸。

1.2.2.3　中毒

有机化学药品的毒性大小与药品本身的特性、使用剂量有关。许多化合物对人体有不同程度的毒害，在未真正了解化合物的性质以前，处理时应作为有毒物质对待。因此，在实验中要注意以下几点，以防中毒。

（1）不能用手直接接触药品，特别是剧毒药品。使用完毕，应将药品严密封存，并立即洗手切勿让毒品接触五官或伤口。

（2）进行可能产生有毒或腐蚀性气体的实验时，应在通风橱内操作，也可用气体吸收装置吸收有毒气体。

（3）所有沾染过有毒物质的器皿，实验完毕后，要立即进行消毒处理和清洗。

有毒物质主要通过呼吸道和皮肤接触进入人体造成伤害。一般药品如溅到皮肤上，通常用大量的水冲洗 10~15 min。如果有轻微中毒症状，应到空气新鲜的地方休息，最好平卧；如果出现头昏、呕吐等较严重的症状，应立即送往医院救治。如果药品溅入口中，尚未咽下的应立即吐出，用大量水冲洗口腔；如果已吞下，视如下具体情况进行处理，并立即送往医院。

（1）强酸：先饮大量水，然后服用氢氧化铝膏、鸡蛋清、牛奶，不服呕吐剂。

（2）强碱：先饮大量水，然后服用醋、酸果汁、鸡蛋清、牛奶，不服呕吐剂。

（3）刺激性或神经性毒物：先服用牛奶或鸡蛋清，再将一大匙硫酸镁（约30 g）溶于一杯水中饮下催吐，也可用手指伸入喉部促使呕吐。

（4）有毒气体：将中毒者迅速移至室外，解开衣领和纽扣；如果吸入少量氯气或溴蒸气，可用碳酸氢钠溶液漱口。

1.2.2.4　割伤

有机实验经常使用玻璃仪器，最常见的割伤由碎玻璃引起。因此，具体操作时应注意以下几点：

（1）不要使用边缘有断口的玻璃仪器。

（2）如果打碎了仪器，不要用手去捡玻璃片，应该用扫帚和簸箕打扫干净。

（3）不要把碎玻璃放入垃圾桶，碎玻璃应分开处理。

（4）新割断的玻璃管断口处特别锋利，使用时应将断口处用小火烧光滑或用锉刀锉光滑。

（5）如果玻璃塞和瓶口牢牢地粘在一起，不要强行拧开，应向指导老师寻求帮助。

（6）玻璃管（或温度计）插入软木塞、橡皮塞的塞孔时，可先用水或甘油润湿玻璃管插入的一端，然后一手持塞子，另一手捏着玻璃管，边旋转边轻轻插入，用力处不要离塞子太远，应保持 2~3 cm 的距离，以防玻璃管折断而伤手。插入或拔出弯形玻璃管时，手指不应捏在弯曲处，因为该处易折断，必要时要垫软布或抹布。相关操作如图 1.1 所示。

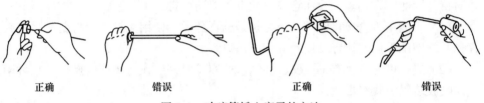

正确　　　　　　　错误　　　　　　　正确　　　　　　　错误

图 1.1　玻璃管插入塞子的方法

如果发生了玻璃割伤，割伤为轻伤时，应立即挤出污血，用消毒过的镊子取出伤口处的玻璃碎片，再用蒸馏水或生理盐水将伤口洗净，涂上"碘伏"，贴上"创可贴"；伤口较大时，用纱布包好伤口后送医院。若割破静（动）脉血管而流血不止，应先止血，具体方法是：在伤口上方 5~10 cm 处用绷带扎紧或用双手掐住，尽快送医院救治。若玻璃碎片溅入眼中，应用镊子移去，或者用清水冲洗，然后送医院治疗，切勿用手揉。

1.2.2.5　烫伤和灼伤

皮肤接触了高温（蒸汽或液体）、低温（如液氮、干冰）或腐蚀性物质后均可能被烫伤或灼伤。为避免烫伤或灼伤应做到如下几点。

（1）实验中不能用手直接接触药品，特别是剧毒药品和腐蚀性药品，在接触这些物质时，应戴好防护手套和防护眼镜。常用的防护手套有氯丁橡胶手套、丁腈橡胶手套和乳胶手套。针对不同的试剂戴不同的手套。使用完药品后应将药品严密封存，并立即洗手。

（2）避免触碰高温物体表面，热源用完应及时关闭，不要直接将热仪器放在他人能触碰到的地方。

（3）烘箱烘干的仪器等稍冷后再拿。

（4）使用干冰或液氮时应戴绝缘手套。

发生烫伤或灼伤时应按下列要求处理：

（1）被碱灼伤：先用大量水冲洗，再用 1%~2% 的乙酸或硼酸溶液冲洗，然后用水冲洗，最后涂上烫伤膏。

（2）被酸灼伤：先用大量水冲洗，然后用 1%~2% 的碳酸氢钠溶液冲洗，最后涂上烫伤膏。

（3）被溴灼伤：先用大量水冲洗，然后用酒精擦洗或用2%的硫代硫酸钠溶液洗至灼伤处呈白色，最后涂上甘油或鱼肝油软膏加以按摩。

（4）被热水烫伤：一般在患处涂上红花油，然后擦烫伤膏。

（5）被金属钠灼伤：可见的小块先用镊子移走，再用乙醇擦洗，然后用水冲洗，最后涂上烫伤膏。

（6）以上这些物质（金属钠除外）一旦溅入眼睛中，应立即用大量水冲洗，并及时送医院治疗。

（7）若腐蚀性、刺激性或有毒化学物质溅到衣服上，应紧急喷淋并尽快脱去被污染的衣服。

1.2.2.6　触电

使用电器前应先进行调试，检查电线有无破损，线路连接是否正确，电器内外要保持干燥，不能进水或其他物质。实验开始时，应先缓缓接通冷凝水（水流大小适中），再接通电源，打开电热套开关，不能用潮湿的手或手握湿物插（或拔）插头。实验过程中防止冷凝水溅入电器。实验做完后，应先关闭电源，再去拔插头，然后关冷凝水。值日生在完成值日工作后，要关闭所有的水闸及总电闸。如有人触电，应迅速切断电源，然后进行抢救。如遇电线起火，应立即切断电源，用沙或二氧化碳、四氯化碳灭火器灭火，禁止用水或泡沫灭火器灭火。

常见化学危险品的标识如图1.2所示。

图1.2　化学危险品的标识

1.2.3　急救用具

（1）消防器材：泡沫灭火器、四氯化碳灭火器（弹）、二氧化碳灭火器、水基型灭火器、砂、石棉布、灭火毯、棉胎和淋浴用的水龙头。

（2）急救药箱：绷带、白纱布、创可贴或止血膏、橡皮管、药棉或脱脂棉花、医用镊子、剪刀等，玉树油或蓝油烃油膏、獾油、医用凡士林、碘酒、紫药水、70%酒精、磺胺药物、甘油和橡皮膏等，1%及3%~5%的碳酸氢钠溶液、2%的硫代硫酸钠溶液、2%的醋酸溶液、1%的硼酸溶液和硫酸镁等。

1.3　有机化学试剂基本知识

1.3.1　试剂纯度和等级

化学试剂按其纯度和杂质含量高低通常分为四个等级。市售化学试剂在瓶子标签上用不同的符号和颜色标明试剂的纯度和等级（表1.1）。

表1.1　化学试剂的纯度与等级

纯度（英文）	英文缩写	等级	标签颜色
优级纯 （guaranteed reagent）	GR	一级	绿色
分析纯 （analytical reagent）	AR	二级	红色
化学纯 （chemical pure）	CP	三级	蓝色
实验试剂 （laboratory reagent）	LR	四级	蓝色

优级纯试剂，又称保证试剂，杂质含量最低，纯度最高，适用于精密分析及科学研究工作。分析纯试剂，适用于一般的分析研究及教学实验工作。化学纯试剂，其纯度与分析纯试剂相差较大，适用于工矿、学校一般分析工作。实验试剂只能用于一般性的化学实验及教学工作。

一些作为特殊用途的试剂：基准试剂（PT，绿标签），作为基准物质标定标准溶液；光谱纯试剂（SP），为光谱分析中的标准物质，表示光谱纯净；色谱纯（GC），用作色谱分析的标准物质；指示剂（Ind），配制指示溶液用；生物试剂（BR），用于配制生物化学检验试液；生物染色剂（BS），用于配制微生物标本染色液；其他特殊专用级别的试剂，如电子工业专用高纯化学品（MOS）、指定级（ZD）等。

另外，还有工业生产中大量使用的化学工业品（也分为一级品、二级品）及可供食用的食用级产品。

各种级别的试剂及工业品因纯度不同，其价格相差很大，工业品和优级纯试剂之间的价格可相差数十倍。所以使用时，在满足实验要求的前提下，应遵循节约的原则，选用适当规格的试剂。例如，配制大量洗液使用的 $K_2Cr_2O_7$、浓 H_2SO_4，发生气体大量使用的及冷却浴所使用的各种盐类等都可以选用工业品。

1.3.2　试剂使用和储存

化学试剂在储存过程中，会受到温度、光照、空气和水分等外界因素的影响，容易发生潮解、霉变、聚合、氧化、分解、变色、挥发和升华等物理、化学变化，以致失效而无法使用，因此要采取适当的储存条件。有些化学试剂属于易燃、易爆、有腐蚀性、有毒或有放射性的化学品，有些化学试剂有一定的保质期，使用时一定要注意。总之，在使用化学试剂之前一定要对所用的化学试剂的性质、危害性及应急措施有所了解。实验室保存化学试剂时，一般应遵循以下原则。

（1）见光或受热易分解的试剂应该放置在阴凉干燥处，有些试剂应存放在棕色试剂瓶中，储放在黑暗且温度低的地方，避光保存，如硝酸、硝酸银等。

（2）易燃有机物要远离火源。强氧化剂要与还原性物质隔开存放。钾、钙、钠在空气中极易氧化，遇水发生剧烈反应，应放在盛有煤油的广口瓶中以隔绝空气。

（3）存放试剂的柜子、库房要经常通风。室温下易发生反应的试剂要低温保存。苯乙烯和丙烯酸甲酯等不饱和化合物在室温下易发生聚合，过氧化氢易发生分解，因此要在 10 ℃以下的环境中保存。

（4）化学试剂都要密封保存，如易挥发的试剂（浓盐酸、浓硝酸、液溴等），易被氧化的试剂（亚硫酸氢钠、氢硫酸、硫酸亚铁等），易与水蒸气、二氧化碳作用的试剂（无水氯化钙、苛性钠等）。汞（水银）要存放在搪瓷瓶中，并用水覆盖封存，以防挥发。

（5）氢氟酸不能存放在玻璃瓶中，强氧化剂、有机溶剂不能用带橡胶塞的试剂瓶存放，碱液、水玻璃等不能用带玻璃塞的试剂瓶存放。

1.3.3　试剂危险性

化学药品的危险性包括易燃、易爆、强氧化性、腐蚀性、毒性、致癌性等，有些药品可能会同时存在几种危险。为了保护人类健康与环境，联合国《全球化学品统一分类和标签制度》（简称 GHS）及相关国家标准对化学品分类、安全标签和《化学品安全技术说明书》（简称 SDS）等进行了统一规定。GHS 化学危险品标志如表 1.2 所示。《化学品安全技术说明书》描述试剂的物理性质、危险性、安全处置及急救方法等信息，在相关化学试剂数据库或商业试剂网站均可查阅。

表 1.2　GHS 化学危险品标志

序号	危险类别	象形图	序号	危险类别	象形图	序号	危险类别	象形图
1	爆炸物质		4	健康危害		7	腐蚀性	
2	可燃气体		5	水环境危害		8	压力气体	
3	氧化剂		6	剧毒物质		9	警告标志	

1.3.4　实验废物处理

所有实验废物要集中收集和处理,不能随意倒入水槽或垃圾桶,不同类型的实验废物要分别倒入指定的容器。倾倒前应反复检查废物成分及容器标签,倾倒后及时将容器的盖子盖上。

(1) 废液:回收到指定的回收瓶或废液缸中集中处理,无机废液与有机废液要分开,卤代的有机废液与一般有机废液要分开。

(2) 固体废物:任何固体废物 (如沸石、棉花、废纸、镁屑等) 都不能倒入水池中,而要倒入指定的垃圾桶中,最后由值日生在指导老师的指导下统一处理。

(3) 易燃、易爆的废弃物 (如金属钠) 应由老师处理,学生切不可自主处理。

1.4　常用仪器及装置

1.4.1　常用玻璃仪器

玻璃仪器一般是由软质或硬质玻璃制作而成的。软质玻璃耐温、耐腐蚀性较差,但是价格便宜,因此,一般用它制作的仪器均不耐温,如普通漏斗、量筒、吸滤瓶、干燥器等。硬质玻璃具有较好的耐温和耐腐蚀性,制成的仪器可在温度变化较大的情况下使用,如烧瓶、烧杯、冷凝管等。

玻璃仪器一般分为普通和标准磨口两种。在实验室，常用的普通玻璃仪器有非磨口锥形瓶、烧杯、布氏漏斗、吸滤瓶、普通漏斗等。常用标准磨口仪器有磨口锥形瓶、圆底烧瓶、三颈瓶、蒸馏头、冷凝管、接收管等。

表1.3列出了有机化学实验常用玻璃仪器的用途。

表1.3 有机化学实验常用玻璃仪器的用途

仪器名称及图示		应用范围	备注
单口圆底烧瓶		用于反应、回流加热及蒸馏	
三口圆底烧瓶		用于反应，各个瓶口分别安装搅拌棒、回流冷凝管、滴液漏斗及温度计等	
二口圆底烧瓶			
梨形瓶		一般用于减压系统，如减压蒸馏、旋转蒸发等	
球形冷凝管	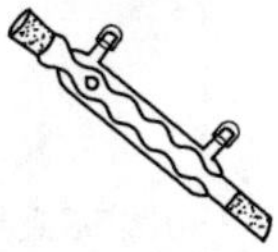	用于回流的冷凝管	
蛇形冷凝管		用于回流的冷凝管	
直形冷凝管	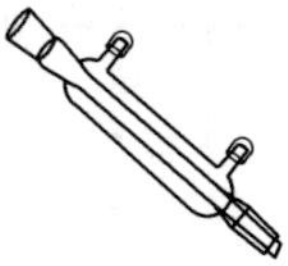	用于蒸馏的冷凝管	
空气冷凝管		当被蒸馏的液体沸点高于140 ℃用空气冷凝管	

续表1.3

仪器名称及图示		应用范围	备注
分馏柱		用于分馏多组分化合物	
水分离器	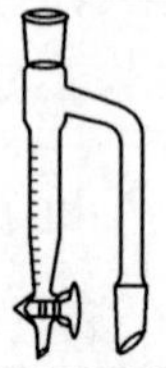	用于反应中需要及时除去水的体系	
蒸馏头	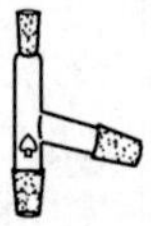	用于蒸馏，与圆底烧瓶等容器连接	
接收管	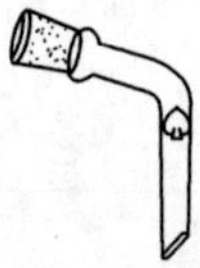	用于常压蒸馏，与冷凝管相连	
Y形管	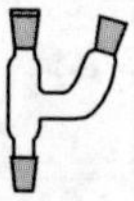	磨口仪器连接管	
克氏蒸馏头	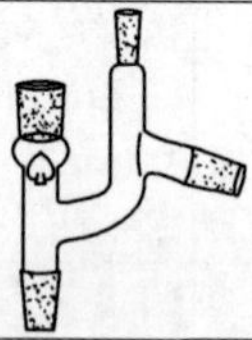	用于减压蒸馏，与圆底或梨形烧瓶连接	
单口接收管	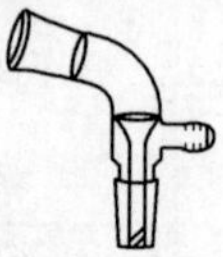	用于减压蒸馏、常压蒸馏，与冷凝管相连	
三叉燕尾管		用于减压蒸馏，与冷凝管相连	
吸滤瓶		用于减压过滤	瓶壁较厚，切勿用火直接加热

续表 1.3

仪器名称及图示	应用范围	备注
滴液漏斗	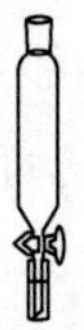 用于向反应体系滴加液体	活塞处要涂凡士林，盛碱性溶液后要充分洗干净
恒压滴液漏斗	 用于合成反应实验的液体加料操作，也可用于简单的连续萃取操作	
分液漏斗	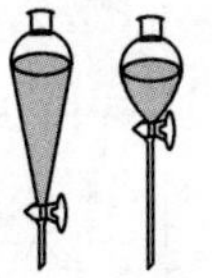 用于液体的萃取、洗涤和分离，有时也可用于滴加试料	活塞处要涂凡士林，分离碱性溶液后要充分洗干净
布氏漏斗	 用于减压过滤	
保温漏斗	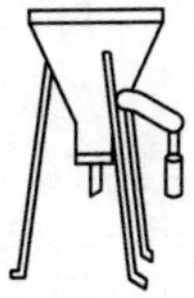 用于需要保温的过滤	
吸滤试管	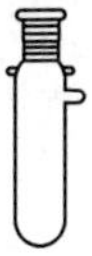 用于微量、半微量固体的减压过滤	
吸滤漏斗	 用于微量、半微量固体的减压过滤	

续表 1.3

仪器名称及图示		应用范围	备注
漏斗	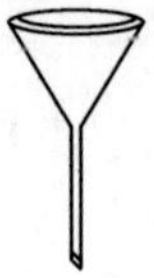	用于常压过滤	
短颈漏斗 （固体漏斗）		用于向体系中加固体	
干燥管	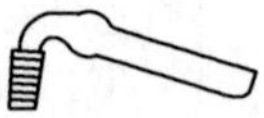	内装干燥剂，在无水反应体系中，用来隔绝大气中的水汽	
U 形干燥管		内装干燥剂，在无水反应体系中，用来隔绝大气中的水汽	
锥形瓶	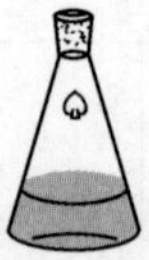	用于储存液体、混合溶液及加热少量液体	不能用于减压蒸馏
烧杯	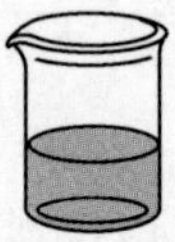	用于溶液混合及转移，有时也用来加热或浓缩水溶液	不能用来直接加热易燃、易爆的有机液体
提勒管（b 形管）		用于测熔点	内装浓硫酸、硅油、液体石蜡等

续表 1.3

仪器名称及图示		应用范围	备注
量筒	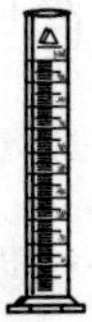	用于量取液体	不能用火加热，不能用强碱性洗液洗涤
磨口塞	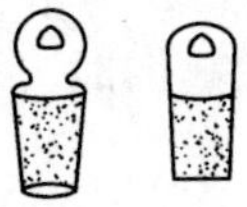	磨口容器的塞子	
变口塞	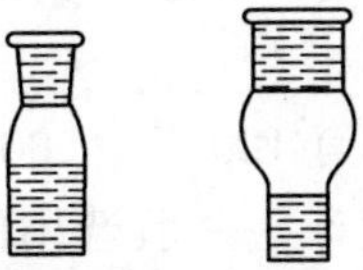	两个容器的接口不相配时，用变口塞连接磨口容器的塞子	

学生使用的常量仪器一般是 19 号的磨口仪器，半微量实验中采用的是 14 号的磨口仪器。

使用玻璃仪器时应注意以下几点：

（1）使用时，应轻拿轻放。

（2）不能用明火直接加热玻璃仪器（试管除外），加热时应垫以石棉网。

（3）不能用高温加热不耐热的玻璃仪器，如吸滤瓶、普通漏斗、量筒。

（4）玻璃仪器使用完后应及时拆卸清洗，特别是标准磨口仪器，若放置时间太长，对接磨口处容易黏结在一起，很难拆开。如果发生此情况，可用热水煮黏结处或用电吹风吹磨口处，使其膨胀而脱落，还可用木槌轻轻敲打黏结处。

（5）带旋塞或具塞的仪器清洗后，应在塞子和磨口的接触处夹放纸片，以防黏结。

（6）标准磨口仪器磨口处要干净，不得粘有固体物质。清洗时，应避免用去污粉擦洗磨口，否则，会使磨口连接不紧密，甚至会损坏磨口。

（7）安装仪器时，应做到"横平竖直"，磨口连接处不应受歪斜的应力，以免仪器破裂。

（8）一般使用时，磨口处无须涂润滑剂，以免沾污反应物或产物。但是反应中使用强碱时，则要涂润滑剂，以免磨口连接处因碱腐蚀而黏结在一起，无法拆开。减压蒸馏时，应在磨口连接处涂润滑剂，以保证装置密封性较好。

（9）使用温度计时，应注意不要用冷水冲洗热的温度计，尤其是水银球部位，应冷却至室温后再冲洗。不能用温度计搅拌液体或固体物质，以免损坏温度计，且损坏后因为有汞或其他有机液体而不好处理。

1.4.2　常用玻璃实验装置

有机化学实验的各种反应装置常常是由各种玻璃仪器组装而成的，实验中应根据要求选择合适的仪器。仪器选用和搭配的一般原则如下：

（1）烧瓶的选择。根据液体的体积而定，一般液体的体积应占容器体积的1/3~1/2，最多不能超过2/3。进行水蒸气蒸馏时，液体体积不应超过烧瓶容积的1/3。

（2）冷凝管的选择。一般情况下回流用球形冷凝管，蒸馏用直形冷凝管。但是当蒸馏或回流温度超过130 ℃时，应改用空气冷凝管，以防温差较大时，由于仪器受热不均匀而造成冷凝管破裂。

（3）温度计的选择。实验室一般备有100 ℃、200 ℃和300 ℃三种温度计，根据所测的温度可选用不同量程的温度计。一般选用的温度计要高于被测温度10~20 ℃。装配仪器时，应首先确定主要仪器的位置，往往根据热源的高低来确定烧瓶的位置，然后按一定的顺序逐个装配起来，从左到右，先下后上。拆卸时，一般先停止加热，移走加热源，待稍微冷却后，按与安装时相反的顺序逐个拆除。拆卸冷凝管时注意不要将水洒到加热的仪器上。仪器装配要求做到严密、正确、整齐美观和稳妥。在常压下进行反应的装置，必须保证反应体系与大气相通，不能密闭。

有机化学实验中常见的实验装置如图1.3~图1.25所示。

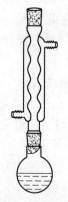  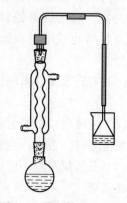

图1.3　简单的　　　　图1.4　带干燥管的　　　图1.5　带气体吸收装置的
　　　回流装置　　　　　　　回流装置　　　　　　　　回流装置

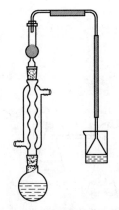

图 1.6 带尾气吸收的
防潮回流装置

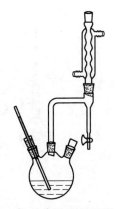

图 1.7 带分水器的
回流装置

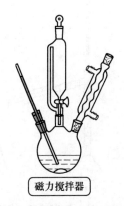

磁力搅拌器

图 1.8 带测温、磁力搅拌、
滴加的回流装置

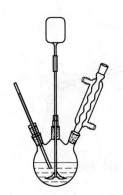

图 1.9 带测温、机械
搅拌的回流装置

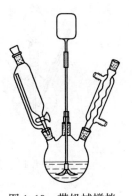

图 1.10 带机械搅拌、
滴加的回流装置

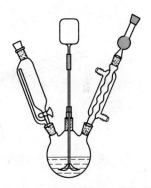

图 1.11 带机械搅拌、滴加的
防潮回流装置

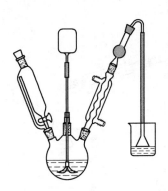

图 1.12 带尾气吸收、机械搅拌、
滴加的防潮回流装置

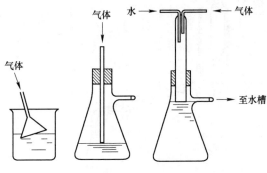

气体　水　气体
气体
至水槽

图 1.13 常见的气体吸收装置

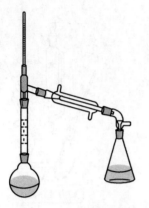

图 1.14　简单蒸馏装置

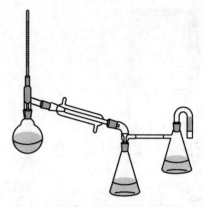

图 1.15　低沸点易燃有机物蒸馏装置

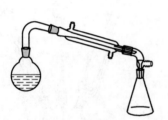

图 1.16　简易蒸馏装置

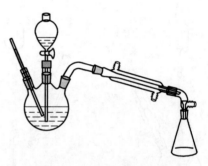

图 1.17　滴加的连续蒸馏装置

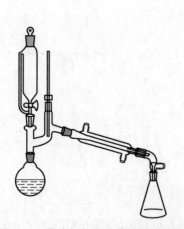

图 1.18　带滴加的连续蒸馏反应装置

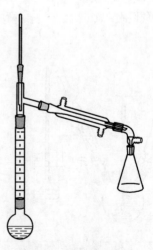

图 1.19　简单分馏装置

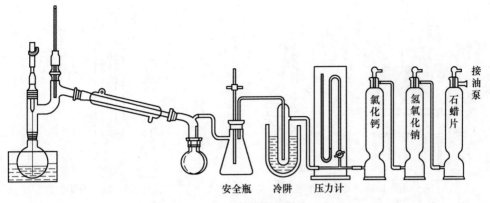

图 1.20　减压蒸馏装置

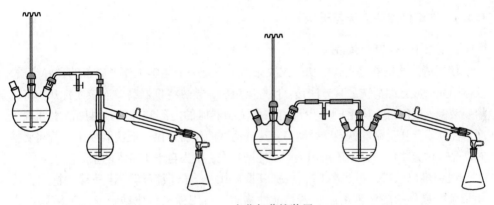

图 1.21　水蒸气蒸馏装置

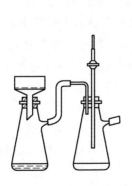

图 1.22　减压过滤装置

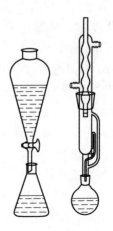

图 1.23　液-液和固-液萃取装置

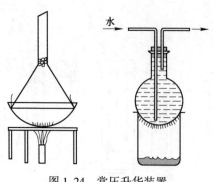

图 1.24　常压升华装置

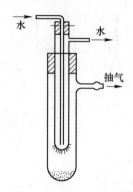

图 1.25　减压升华装置

1.4.3　玻璃仪器的清洗与干燥

1.4.3.1　仪器的清洗

使用清洁的仪器是实验成功的先决条件，也是一个化学工作者必备的良好素质。仪器用完后应立即清洗。其方法是：反应结束后，趁热将仪器磨口连接处打开，将瓶内残液倒入废液缸。用毛刷蘸少许清洁剂洗刷器皿的内部和外部，再用清水冲洗干净。注意不要让毛刷的铁丝摩擦磨口。这样清洗的仪器可供一般实验使用，若需要精制产品或供分析使用，则还需用蒸馏水摇洗几次，洗去自来水带入的杂质。

遇到难以清洗的残留物时，根据其性质用适当溶液溶解。若是碱性物质，可用稀硫酸或稀盐酸溶液溶解；若是酸性物质，可用稀氢氧化钠溶液浸泡溶解。常用的比较有效的洗液及洗涤方法有：

（1）铬酸洗液。这种洗液氧化能力很强，对有机污垢破坏力很大，可洗去炭化残渣等有机污垢。铬酸洗液的配制方法：在一个 250 mL 烧杯中，把 5 g $K_2Cr_2O_7$ 溶于 5 mL 水中，然后边搅拌边慢慢加入浓硫酸 100 mL，混合液温度逐渐升高到 70~80 ℃，待混合液冷却至约 40 ℃时，倒入干燥的磨口严密的细口试剂瓶中保存。铬酸本身呈红棕色，若经长期使用，洗液变成绿色时，表示已失效。

（2）盐酸。可以洗去附着在器壁上的二氧化锰或碳酸盐等污垢。

（3）碱液洗涤剂。可配成氢氧化钠（钾）的乙醇浓溶液，用以清洗油脂和一些有机物（如有机酸）。

（4）有机溶剂洗涤液。对于不溶于酸碱的物质，可用合适的有机溶剂溶解，清洗后的有机溶剂应倒入指定的回收瓶中，不准倒入水槽或水池中。但必须注意，不能用大量的化学试剂或有机溶剂清洗仪器，这样不仅造成浪费而且还会发生危险。工业酒精溶液常常是洗涤有机污垢的良好洗涤液。由于有机溶剂价值较高，同时存在一定的危险性，只可在特殊条件下使用。

（5）超声波清洗器。有机实验中常用超声波清洗器来洗涤玻璃仪器，其优点是省时又方便。只要把用过的仪器放在含有洗涤剂的溶液中，接通电源，利用声波的振动和能量，即可达到清洗仪器的目的。上述方法清洗过的仪器，再用自来水冲洗干净即可。器皿是否清洁的标志是：加水倒置，水顺着器壁流下，内壁被水均匀润湿有一层既薄又均匀的水膜，不挂水珠。干燥仪器的最简单的方法是倒置晾干或倒置于气流烘干器上烘干。对于严格无水实验，可将仪器放到烘箱中进一步烘干。但要注意，带活塞的仪器放入烘箱时，应将塞子拿开，以防磨口和塞子受热发生黏结。亟待使用的仪器，可将水尽量沥干，然后用少量丙酮或乙醇摇洗，回收溶剂后，用吹风机吹干。先用冷风吹 1～2 min，再换热风吹，吹干后，再用冷风吹，以防热的仪器在自然冷却过程中在器壁上凝结水汽（注意：不宜把带有有机溶剂的仪器直接放入烘箱中，也不宜先用热风吹）。

1.4.3.2　仪器的干燥

（1）晾干：洗净的仪器，在规定的地方倒置一段时间，任其自然风干。这是最简单的干燥方法。

（2）烘干：一般用电烘箱。洗净的仪器，倒尽其中的水，放入烘箱。箱内温度保持在 100～120 ℃。烘干后，停止加热，待冷却至室温取出即可。分液漏斗和滴液漏斗，要拔掉活塞或盖子后，才可以加热烘干。

（3）吹干：对冷凝管和蒸馏瓶等，可用电吹风将仪器吹干。

（4）用有机溶剂干燥：对小体积且急需干燥的仪器可用此法。将仪器洗净后，先用酒精或丙酮漂洗，然后用电吹风吹干。用过的溶剂应倒入回收瓶。

1.4.4　常用电器设备

1.4.4.1　电动搅拌器

电动搅拌器在有机化学实验中，通常用于非均相或生成固体产物的反应。搅拌器的主要组成部分为：电动机、轴承座、机架、联轴器、搅拌轴、叶轮（转速 760 r/min 以下，配减速装置，转速如需可调，还可使用变频电动机+变频器（图 1.26））。使用时，应注意接上地线，不能超负荷。轴承每学期加一次润滑油，经常保持电动搅拌器清洁干燥，注意防潮、防腐蚀。

1.4.4.2　磁力搅拌器

磁力搅拌器是用于混合液体的实验室仪器，主要用于搅拌或同时加热搅拌低黏稠度的液体或固液混合物。其基本原理是磁场的同性相斥、异性相吸，使用磁场推动放置在容器中带磁性的搅拌子进行圆周运转，从而达到搅拌液

图 1.26　电动搅拌器

体的目的。配合温制加热系统，可以根据具体的实验要求加热并控制样本温度，维持实验条件所需的温度条件，保证液体混合达到实验需求。使用时应注意接上地线，不能超负荷。使用时间不宜过长，不搅拌不加热。保持清洁干燥，严禁溶液流入机内，以免损坏机器。图 1.27 所示是几种常见的恒温磁力搅拌器。

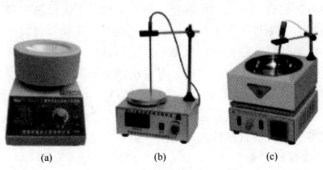

(a)　　　　　　　　　(b)　　　　　　　　　(c)

图 1.27　恒温磁力搅拌器

(a) 电热套加热磁力搅拌器；(b) 底盘加热磁力搅拌器；(c) 水浴或油浴加热磁力搅拌器

1.4.4.3　电热套

用玻璃和石棉纤维织成套，在套内嵌进镍铬电热丝制成的电加热器。玻璃和玻璃纤维具有隔绝明火的作用，在加热和蒸馏有机物时不易起火，使用比较安全。加热最高温度可高达 400 ℃。可根据圆底容器的大小选择不同规格的电热套，其大小从 50 mL 到 5 L 不等。常见的电热套如图 1.28 所示。电热套具有升温快、温度高、操作简便、经久耐用的特点，是做精确控温加热实验的最理想仪器。

图 1.28　常见的电热套

1.4.4.4　烘箱

电热鼓风干燥箱又名"烘箱"，顾名思义，采用电加热方式进行鼓风循环干燥实验。分为鼓风干燥和真空干燥两种，鼓风干燥就是通过循环风机吹出热风，保证箱内温度平衡；真空干燥是采用真空泵将箱内的空气抽出，让箱内大气压低于常压，使产品在一个很干净的状态下做实验（图1.29）。烘箱一般分为镀锌钢板和不锈钢内胆的，指针的和数显的，自然对流和鼓风循环的，常规和真空类型的。烘箱是一种常用的仪器设备，主要用来烘干玻璃仪器或者干燥样品，也可以提供实验所需的温度环境。切忌将挥发性、易燃易爆物品放入烘箱烘烤。橡皮塞、塑料制品不能放入烘箱烘烤。从烘箱中取样品时，一定要戴绝缘手套，以免烫伤。

图1.29　电热鼓风干燥箱

1.4.4.5　气流烘干器

气流烘干器是实验室快速干燥玻璃仪器的设备。使用时将仪器洗干净后，甩掉多余的水分，然后将仪器套在烘干器上的多孔金属管上（图1.30）。使用时间不宜过长，以免烧坏电动机和电热丝。

1.4.4.6　电吹风

电吹风是实验室快速干燥玻璃仪器的设备。吹风机手柄上的选择开关一般分为三挡，即关闭挡、冷风挡、热风挡，并附有颜色为白、蓝、红的指示牌。有些吹风机的手柄上还装有电动机调速开关，供选择风量的大小及热风温度高低时使用。使用吹风机时，其进出风口必须保

图1.30　气流烘干器

证畅通无阻，否则不但达不到使用效果，还会造成过热而烧坏器具。

1.4.4.7　电子天平

电子天平是实验室用于称量物体质量的仪器。电子天平是用电磁力平衡称量物体质量的天平，一般采用应变式传感器、电容式传感器、电磁平衡式传感器（图1.31）。其特点是称量准确可靠、显示快速清晰，并且具有自动检测系统、简便的自动校准装置以及超载保护等装置。

电子天平是一种比较精密的仪器，因此，使用时应注意维护和保养：

（1）将天平置于稳定的工作台上，避免振动、气流及阳光照射。

（2）在使用前调整水平仪气泡至中间位置。

（3）称量易挥发和具有腐蚀性的物品时，要盛放在密闭的容器中，以免腐蚀或损坏电子天平。

图1.31　电子天平示意图

（4）操作天平不可过载使用，以免损坏天平。

（5）天平内应放置干燥剂，常用变色硅胶，应定期更换。

1.4.4.8　循环水多用真空泵

循环水多用真空泵是实验室常用的减压设备，一般用于对真空度要求不高的减压体系中。循环水多用真空泵以循环水作为流体，利用射流产生负压的原理而设计的一种新型多用真空泵，为化学实验室提供真空条件，并能向反应装置提供循环冷却水（图1.32）。广泛用于蒸发、蒸馏、结晶、过滤、减压、升华等操作中。由于水可以循环使用，避免了直接排水，节水效果明显。

1.4.4.9　油泵

油泵也是实验室常用的减压设备。油泵常在对真空度要求较高的场合下使用。油泵的效

图1.32　循环水多用真空泵

能取决于泵的结构及油的好坏（油的蒸气压越低越好），好的真空油泵能达到10~100 Pa的真空度。油泵的结构越精密，对工作条件要求越高。在用油泵进行减压蒸馏时，溶剂、水和酸性气体会造成对油的污染，使油的蒸气压增加，真空度降低，同时这些气体可以引起泵体的腐蚀。为了保护泵和油，使用时应注意做到：

（1）定期检查，定期换油，防潮防腐蚀。

（2）在泵的进口处安装保护装置，如装有石蜡片（吸收有机物）、硅胶（吸收微量的水）、氢氧化钠（吸收酸性气体）、氯化钙（吸收水汽）的吸收塔以及冷却阱（冷凝低沸点杂质）。油泵的保护装置如图 1.33 所示。

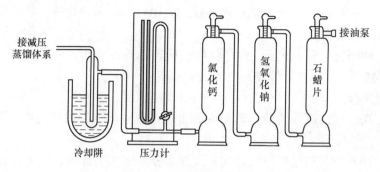

图 1.33　油泵的保护装置

1.4.4.10　旋转蒸发仪

旋转蒸发仪是实验室广泛应用的一种蒸发仪器，主要是由电动机、蒸馏瓶、加热锅、冷凝管等部分组成（图 1.34）。它适用于回流操作、大量溶剂的快速蒸发、微量组分的浓缩和需要搅拌的反应过程等。旋转蒸发器系统可以密封减压至 400~600 mmHg❶；用加热浴加热蒸馏瓶中的溶剂，加热温度可接近该溶剂的沸点；同时，还可进行旋转，转速为 50~160 r/min，使溶剂形成薄膜，增大蒸发面积。此外，在高效冷却器作用下，可将热蒸气迅速液化，加快蒸发速率。旋转蒸发器主要用于浓缩、结晶、干燥、分离及溶媒回收，特别适用于对高温容易分解变性的生物制品的浓缩提纯。

图 1.34　旋转蒸发仪

使用方法：

（1）高低调节。手动升降，转动机柱上面的手轮，顺转为上升，逆转为下降；电动升降，手触上升键主机上升，手触下降键主机下降。

（2）冷凝器上有两个外接头是接冷却水用的，一头接进水，另一头接出水，一般接自来水，冷凝水温度越低，效果越好。上端口装抽真空接头，用于抽真空时接真空泵皮管。

（3）开机前先将调速旋钮左旋到最小，按下电源开关，指示灯亮，然后慢

❶　1 mmHg = 133.3224 Pa。

慢往右旋至所需要的转速，一般大蒸发瓶用中、低速，黏度大的溶液用较低转速。烧瓶是标准接口24号，随机附500 mL、1000 mL两种烧瓶，溶液量以一般不超过50%为适宜。

（4）使用时，应先减压，再开动电动机转动蒸馏烧瓶，结束时，应先停电动机，再通大气，以防蒸馏烧瓶在转动中脱落。

仪器保养：

（1）用前仔细检查仪器，确定玻璃瓶是否有破损，各接口是否吻合，注意轻拿轻放。

（2）用软布（可用餐巾纸替代）擦拭各接口，然后涂抹少许真空脂。真空脂用后一定要盖好，防止灰砂进入。

（3）各接口不可拧得太紧，要定期松动活络，避免长期紧锁导致连接器咬死。

（4）先开电源开关，然后让机器由慢到快运转，停机时要使机器处于停止状态，再关开关。

（5）各处的聚四氟开关不能过度拧紧，容易损坏玻璃。

（6）每次使用完毕必须用软布擦净留在机器表面的油迹、污渍、溶剂残留，保持清洁。

（7）停机后拧松各聚四氟开关，长期静止在工作状态会使聚四氟活塞变形。

（8）定期对密封圈进行清洁，方法是：取下密封圈，检查轴上是否积有污垢，用软布擦干净，然后涂少许真空脂，重新装上即可，保持轴与密封圈滑润。

（9）电气部分切不可进水，严禁受潮。

注意事项：

（1）玻璃零件接装时应轻拿轻放，装前应洗干净，擦干或烘干。

（2）各磨口、密封面、密封圈及接头，安装前都需要涂一层真空脂。

（3）加热槽通电前必须加水，不允许无水干烧。

（4）如真空抽不上来，需检查：各接头、接口是否密封，密封圈、密封面是否有效，主轴与密封圈之间真空脂是否涂好，真空泵及其皮管是否漏气，玻璃件是否有裂缝、碎裂、损坏的现象。

（5）关于真空度。真空度是旋转蒸发器最重要的工艺参数，而用户经常会遇到真空度不够的问题。这常常和使用的溶媒性质有关。生化制药等行业常常用水、乙醇、乙酸、石油醚、氯仿等作溶媒，而一般真空泵不能耐强有机溶媒，可选用耐强腐蚀特种真空泵。

检验仪器是否漏气的方法：——弯折并夹紧外接真空皮管，切断气流，观察仪器上真空表能否保持5 min不漏气。如有漏气，则应检查各密封接头和旋转轴上密封圈是否有效；反之，若仪器正常，就要检查真空泵和真空管道。

1.4.4.11　钢瓶

钢瓶用于储存高压氧气、煤气、石油液化气等。气体钢瓶一般盛装永久气体、液化气体或混合气体。钢瓶的一般工作压力都在 150 MPa 左右。按国家标准规定，钢瓶涂成各种颜色以示区别，例如：氧气钢瓶为天蓝色、黑字，氮气钢瓶为黑色、黄字，压缩空气钢瓶为黑色、白字，氯气钢瓶为草绿色、白字，氢气钢瓶为深绿色、红字，氨气钢瓶为黄色、黑字，石油液化气钢瓶为灰色、红字，乙炔钢瓶为白色、红字，等等。

氧气钢瓶运输和储存期间不得暴晒，不能与易燃气体钢瓶混装、并放。瓶嘴、减压阀及焊枪上均不得有油污，否则，高压氧气喷出后会引起自燃。

使用方法：

（1）使用前要检查连接部位是否漏气，可涂上肥皂液进行检查，确认不漏气后才进行实验。

（2）在确认减压阀处于关闭状态（"T"字调节螺杆松开状态）后，逆时针打开钢瓶总阀，并观察高压表读数，然后逆时针打开减压阀左边的一个小开关，再顺时针慢慢转动减压阀调节螺杆（"T"字旋杆），使其压缩主弹簧将活门打开。使减压表上的压力处于所需压力，记录减压表上的压力数值。

（3）使用结束后，先顺时针关闭钢瓶总开关，再逆时针旋松减压阀。

注意事项：

（1）室内必须通风良好，保证空气中氢气最高含量不超过 1%（体积分数）。室内换气次数每小时不得少于 3 次，局部通风每小时换气次数不得少于 7 次。

（2）氧气瓶与盛有易燃、易爆物质及氧化性气体的容器和气瓶的间距不应小于 8 m。

（3）与明火或普通电气设备的间距不应小于 10 m。

（4）与空调装置、空气压缩机和通风设备等吸风口的间距不应小于 20 m。

（5）与其他可燃性气体储存地点的间距不应小于 20 m。

（6）禁止敲击、碰撞，气瓶不得靠近热源，夏季应防止暴晒。

（7）必须使用专用的氧气减压阀，开启气瓶时，操作者应站在阀口的侧后方，动作要轻缓。

（8）阀门或减压阀泄漏时，不得继续使用；阀门损坏时，严禁在瓶内有压力的情况下更换阀门。

（9）瓶内气体严禁用尽，应保留 0.5 MPa 以上的余压。

1.4.4.12　减压器

减压器是将高压气体降为低压气体，并保持输出气体的压力和流量稳定不变的调节装置（图 1.35）。由于气瓶内压力较高，而使用时所需的压力却较小，所以需要用减压器来把储存在气瓶内的较高压力的气体降为低压气体，并应保证所需的工作压力自始至终保持稳定状态。减压器可分为氧气减压器、氮气减压器、空气减压器、氢气减压器、氩气减压器、乙炔减压器、氨气减压器、二氧化碳减压器和含有腐蚀性质的不锈钢减压器等。需要注意的是，氢气瓶和减压阀之间的连接是反牙的。

图 1.35　减压器示意图

(a) 氢气减压阀；(b) 氧气减压阀

使用减压器应按下述规则执行：

(1) 氧气瓶放气或开启减压器时动作必须缓慢。如果阀门开启速度过快，减压器工作部分的气体因受绝热压缩而温度大大提高，这样有可能使由有机材料制成的零件如橡胶填料、橡胶薄膜、纤维质衬垫着火烧坏，并可使减压器完全烧坏。另外，由于放气过快产生的静电火花以及减压器有油污等，也会引起着火燃烧，烧坏减压器零件。

(2) 减压器安装前及开启气瓶阀时的注意事项。安装减压器之前，要略打瓶阀门，吹除污物，以防灰尘和水分带入减压器。在开启气瓶阀时，瓶阀出气口不得对准操作者或他人，以防高压气体突然冲出伤人。减压器出气口与气体橡胶管接头处必须用退过火的铁丝或卡箍拧紧；防止送气后脱开发生危险。

(3) 减压器装卸及工作时的注意事项。装卸减压器时，必须注意防止管接头丝扣滑牙，以免旋装不牢而射出。在工作过程中，必须注意观察工作压力表的压力数值。停止工作时，应先松开减压器的调压螺钉，再关闭氧气瓶阀，并把减压器内的气体慢慢放尽，这样，可以保护弹簧和减压活门免受损坏。工作结束后，应从气瓶上取下减压器，加以妥善保存。

(4) 减压器必须定期校修，压力表必须定期检验。这样做是为了确保调压的可靠性和压力表读数的准确性。在使用中如发现减压器有漏气现象、压力表指针动作不灵等，应及时维修。

(5) 减压器冻结的处理。减压器在使用过程中如发现冻结，用热水或蒸汽解冻，绝不能用火焰或红铁烘烤。减压器加热后，必须吹掉其中残留的水分。

(6) 减压器必须保持清洁。减压器上不得沾染油脂、污物，如有油脂，必须擦拭干净后才能使用。

(7) 各种气体的减压器及压力表不得调换使用，如用于氧气的减压器不能用于乙炔、石油气等系统中。

1.4.4.13 高压反应釜

高压反应釜是一种间歇操作的适用于在高温高压下进行化学反应的容器。在有机合成中常用于固体催化剂存在下进行的氢化反应及高分子合成中的聚合反应等（图 1.36）。高压反应釜由反应容器、搅拌器及传动系统、冷却装置、安全装置、加热炉等组成。高压反应釜的容积规格一般为 0.25 ~ 5 L，设计压力一般为 0 ~ 35 MPa，使用温度一般为 450 ℃，搅拌转速一般为 0 ~ 1000 r/min 无级调速。

使用实验室反应釜必须关闭冷媒进管阀门，放进锅内和夹套内的剩余冷媒，再输入物料，开动搅拌器，然后开启蒸汽阀门和电热电源。到达所需温度后，应先关闭蒸汽阀门和电热电源，过 2 ~ 3 min 后，再关搅拌器。加工结束后，放尽锅内和夹套中剩余冷凝水后，应尽快用温水冲洗，刷掉黏糊着的物料，然后用 40 ~ 50 ℃ 碱

图 1.36　高压反应釜

水在容器内壁全面清洗，并用清水冲洗。特别是在锅内无物料（吸热介质）的情况下，不得开启蒸汽阀门和电热电源。特别注意使用蒸气压力，不得超过定额工作压力。

保养实验室反应釜要经常注意整台设备和减速器的工作情况。减速器润滑油不足，应立即补充，电加热介质油每半年要进行更换，夹套和锅盖上等部位的安全阀、压力表、温度表、蒸馏孔、电热棒、电器仪表等，要应定期检查，如果有故障，要及时调换或修理。设备不用时，一定要用温水在容器内外壁全面清洗，经常擦洗锅体，保持外表清洁和内胆光亮，达到耐用的目的。

1.4.4.14 紫外分析仪

紫外分析仪适用于核酸电泳、荧光的分析、检测，PCR 产物检测，DNA 指纹图谱分析，是开展 RFLP 研究、RAPD 产物分析的理想仪器。该仪器由紫外线灯管及滤光片组成，设置三个开关键，分别控制点样灯、254 nm 和 365 nm 紫外灯，且相互独立，当需要某一灯工作时，按下相应开关键即可（图 1.37）。在科学实验工作中，它是检测许多主要物质如蛋白质、核苷酸等的必要仪器；在药物生产和研究中，可用来检查激素生物碱、维生素等各种能产生荧光药

图 1.37　紫外灯

品的质量。它特别适用于薄层分析、纸层分析斑点和检测。

1.5　实验预习、记录与实验报告

有机化学实验是一门综合性较强的理论联系实际的课程。它是培养学生独立工作能力的重要环节。完成一份正确、完整的实验报告，也是一个很好的训练过程。实验报告分三部分：实验预习、实验记录与实验报告。

1.5.1　实验预习

在每次实验前，每位学生必须对要做的实验充分预习。要明白实验原理（包括反应原理、分离原理），知道每一步操作的目的，并且对反应中可能出现的问题做到心中有数。对实验中要用到的仪器、装置及药品，必须充分了解它们的性能。对实验中具体操作的关键点必须牢记。每次实验前必须准备一个预习报告，对实验过程有一个统筹安排，在实验时才能做到胸中有数、井然有序。预习报告内容主要包括以下几个方面。

（1）实验目的：通过某个具体的实验能掌握或巩固的知识、得到的训练及提升的能力。

（2）实验原理：实验的理论依据。本着学以致用的原则，做到理论联系实际，将有机化学理论课上所学的化学反应与实验、生产实际联系起来。

（3）实验仪器：熟悉本次实验所用的仪器装置及搭建装置的注意事项，能够画出装置草图。

（4）实验步骤：熟悉整个实验的操作步骤及注意事项。画出实验流程图，设计实验记录表。

（5）实验试剂：查阅文献，了解所用试剂及产品的相关理化性质、特点（如熔点、沸点、密度、腐蚀性、毒性等）及相关安全知识等。预测实验中可能存在的危险及如何预防。

总之，实验预习不是仅仅把实验内容简单抄一遍，而是要学会提炼要点，理清实验思路，对整个实验流程做到头脑清楚、心中有数，统筹安排实验进程，这样才能保证实验安全高效、平稳有序进行。

1.5.2　实验记录

实验记录是科学研究的第一手资料，实验记录的好坏直接影响对实验结果的分析。因此，学会做好实验记录也是培养学生科学态度及实事求是精神的一个重要环节。

对实验的全过程必须进行仔细观察，记录要写在固定的记录本上，不能随意乱记。记录的内容主要包括以下几个方面。

（1）每步操作的时间、内容和所观察到的现象，例如：是否放热、颜色变化、有无沉淀及无气体产生、分层与否、温度、时间变化等。尤其是与预期相反或与教材、文献资料所述不一致的现象更应如实记载。

（2）实验中测得的各种数据，如沸程、熔点、密度、折射率、称量数据（质量或体积）等。

（3）产品的外观，如物态、色泽、晶形等。

（4）实验操作中的失误，如抽滤中的失误、粗产品或产品的意外损失等。记录时，要与操作步骤一一对应，内容要简明扼要，条理清楚。

1.5.3 实验报告

在实验结束后，必须完成实验报告，分析实验现象、实验结果及遇到的问题，总结归纳实验过程的得失。这样既有助于把直接的感性认识提高到理性认识，巩固已取得的收获，同时也是撰写科研论文的基本训练。实验报告的内容包括以下几项：

（1）实验名称。

（2）实验目的：通过某个具体的实验，熟练掌握或巩固什么理论知识，得到怎样的训练，提高什么能力等。

（3）实验原理：实验的理论依据（包括相关的化学反应式）。

（4）实验试剂：实验所用试剂及其用量。

（5）实验装置：画出主要实验装置图。

（6）实验步骤：用简明清晰的流程图表示实验的操作步骤或实验过程。

（7）实验结果：产品的性状，如颜色、状态、熔点或沸点范围、产量及产率等。

$$产品的产率 = \frac{实际产量}{理论产量} \times 100\%$$

（8）思考问题及实验讨论：完成每个具体实验后面的思考题。特别要注意的是无论装置图或操作规程，如果自己使用的或做的与教材有差异，则按实际使用的装置绘制，按实际操作的程序记载，不要照搬书上的，更不可伪造实验现象和数据。实验讨论更是实验报告的重要内容，是学生分析、归纳能力的重要体现。实验讨论不是照抄部分实验操作步骤、操作要领及实验注意事项等，也不是对一般实验现象的解释，而应该根据个人实际的实验结果（结合反应原理、实验操作、实验现象及相关数据）来进行讨论，并提出可能解决或改进的办法。

实验报告的一般格式（仅供参考）：

有机化学实验报告

姓　　名：_____　学　　号：_____　实验小组：_____
实验日期：_____　实验地点：_____　指导教师：_____

实验名称：_____

一、实验目的

二、实验原理

三、实验试剂

四、实验装置
（实验装置图中要正确画出主要装置中各仪器的相对位置、相对大小、角度等，一般要求用铅笔画图。）

五、实验步骤

六、实验结果

七、问题与讨论

2 有机化合物的物理性质及其测定方法

有机化合物的物理常数是鉴别有机化合物种类及纯度的重要数据，在现代有机工业方面的应用日益广泛。深入理解有机化合物的物理性质，在学习和工作中具有重要的意义。本章系统介绍了熔点、沸点、折射率和旋光度这四种物理常数的测定原理、实验方法及其拓展应用。对于本章的学习，同学们在深入理解原理的基础上，学会规范操作实验并反复运用，对动手能力及理解分析能力的提升都有积极的意义。

2.1　熔点的测定

实验一　熔点的测定

一、实验目的

（1）了解测定熔点的原理和意义。
（2）掌握毛细管熔点测定法的操作。
（3）了解微量熔点测定方法与全自动数字熔点仪的使用方法。
（4）培养学生的动手操作能力及实事求是的科学精神。

二、实验原理

通过将晶体物质加热到一定温度后，其从固态转变为液态，此时的温度被视为该物质的熔点（图2.1）。严格意义上说，熔点是指物质的固液两相在大气压下达到平衡时的温度，理论上它应是一个点，但实际测定有一定的困难。因此，一般测定物质自开始熔化（初熔）至完全熔化（全熔）时的温度，这一温度范围称为熔程或熔距。纯净固体有机化合物的熔程在 0.5~1 ℃范围内。而对于含有杂质的固体有机物，其熔程往往较长，且熔点较低。熔点是鉴别有机化合物的重要物理常数，同时根据熔程的长短又可定性判断该物质的纯度。

物质的蒸气压与温度变化曲线如图 2.2 所示。曲线 SM 和曲线 ML 分别为该物质固相和液相的蒸气压与温度的关系曲线。在交点 M 处，固液两项蒸气压一致，表明在此温度下，固液两项平衡共存，因此 M 点对应的温度 T_M 即为该物质的熔点。当温度高于 T_M 时，固相全部转化为液相；当温度低于 T_M 时，液相全部转化为固相；只有当温度等于 T_M 时，固液两项同时共存。这也是纯净固体有机化合物具有固定和敏锐熔点的原因。一旦温度超过 T_M，只要有足够的时间，固相就可以全部转化为液相。因此，想要精确测定熔点，在接近熔点时，加热速度一定要缓慢，温度上升速度为 $1\sim2$ ℃/min，方可使熔化过程接近两项平衡条件。

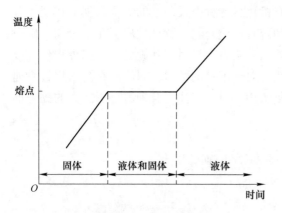

图 2.1　相随着时间和温度的变化图　　　图 2.2　物质的蒸气压和温度的关系

目前，熔点测定的方法很多，包括毛细管熔点测定法、微量熔点测定法（显微熔点仪测熔法）、全自动数字熔点仪测熔法等。

三、仪器和试剂

（一）主要仪器

温度计、Thiele 管、熔点毛细管、酒精灯、开口软木塞、表面皿、打孔器、剪刀、圆锉、玻璃棒、玻璃管、显微熔点仪、全自动数字熔点仪。

（二）主要试剂

乙酰苯胺、苯甲酸、液体石蜡。

四、实验步骤

（一）毛细管熔点测定法

毛细管法是一种古老而经典的方法，具有简单方便的优点，其缺点是在测定过程中看不清可能发生的晶形变化。

1. 装填样品

取少量干燥的待测样品（约 0.1 g）于干净的表面皿上，用玻璃棒将其研磨成粉末并堆在一起。将熔点毛细管开口朝下插入样品粉末中，会有粉末进入毛细管。然后将熔点毛细管开口朝上，样品粉末在空心玻璃管中自由落下，紧密堆积在毛细管底部。如此重复操作，直至熔点毛细管中样品粉末高度为 2~3 mm。沾在毛细管外的粉末需要拭去，以免测量熔点时污染浴液。

2. 安装装置

Thiele 管，也称 b 形管，如图 2.3 所示。用铁夹将 Thiele 管固定在铁架台上，倒入液体石蜡作为浴液，液面与 Thiele 管支管上口平齐。Thiele 管采用有开口的单孔软木塞，便于插入温度计，且温度计刻度应朝向软木塞开口，便于观察温度。将装填好样品的熔点毛细管蘸少许浴液黏附在温度计下端，使样品部分恰好位于温度计水银球的中间位置。再用橡皮圈将其上端套在温度计上。将温度计小心地插入浴液中，使温度计水银球恰好位于 Thiele 管两只管口中间位置。毛细管上端开口和橡皮圈应该在浴液液面之上。

除 Thiele 管外，还可采用双浴式测熔点装置（图 2.4）来测定熔点。取一只 250 mL 长颈圆底（或平底）烧瓶，向其中倒入液体石蜡作为浴液，浴液量约占烧瓶容积的 1/2。取一支有棱缘的试管，将其插入烧瓶中，棱缘恰好卡在烧瓶口处。试管口同样采用带有开口的软木塞，插入温度计，温度计刻度同样朝向软木塞开口。熔点毛细管黏附于温度计一旁，与 Thiele 管方法一致。温度计水银球距离试管底部 0.5 cm。此时，液体石蜡浴液隔着空气（空气浴）把温度计和样品加热，受热均匀。

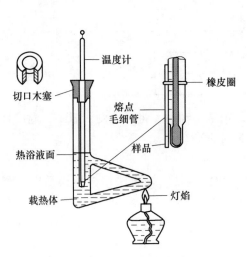

图 2.3　Thiele 管测熔点装置

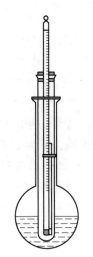

图 2.4　双浴式测熔点装置

3. 测定熔点

在 Thiele 管弯曲支管的底部加热，如图 2.3 所示。实验开始时，升温速率可适当较快。当温度上升至距样品熔点 10~15 ℃时，改用小火缓慢加热，使温度上升速率为 1~2 ℃/min。越接近熔点，升温速率应越慢。熔点毛细管内的样品粉末开始塌落并有小液滴出现，表明样品开始熔化，即为初熔。样品粉末全部变为液体，表明样品熔化完全，即为全熔。记录初熔和全熔时的温度，这就是测定样品的熔点。测定完成后，熄灭或移除酒精灯，去除温度计，并将黏附在温度计上的熔点毛细管取下弃掉。等到石蜡浴液温度下降距样品熔点 30 ℃ 以下时，再换上新的熔点毛细管，重复前面的操作，进行第二次测定。

测定已知物的熔点，需要至少测定两次，且两次数据差额不能大于 ±1 ℃。测定未知样品时，可先进行一次粗测，加热速率略快，为 5~6 ℃/min；获得大致熔点后，再进行两次精确测量，获得精确熔点。

可以使用如表 2.1 所示的表格记录样品熔点数据。

表 2.1　苯甲酸、乙酰苯胺的熔点测定数据记录表

试　样	测定值/℃		平均值/℃	
	初熔	全熔	初熔	全熔
苯甲酸				
乙酰苯胺				
苯甲酸+乙酰苯胺				

测完所有物质的熔点后，至石蜡浴液冷却后，将浴液倒回瓶中。温度计冷却后，用纸擦去液体石蜡，然后用水冲洗干净。

（二）微量熔点测定法

微量熔点测定法，又称显微熔点仪测熔法，该方法用微量样品即可测出熔点。图 2.5 所示是一种较为常见的显微熔点仪。它可测定熔点在室温至 300 ℃ 范围内的样品，并且可以观察晶体在加热过程中的变化，如结晶失水、升华及分解等。

利用显微熔点仪测定熔点时，将载玻片置于加热台上，取几粒待测样品晶粒放于载玻片上，然后盖上盖玻片。调节显微镜，使视野清晰。然后打开加热器，使温度快速上升。当温度升至距熔点 10~15 ℃ 时，降低升温速率至 1~2 ℃/min。当温度接近熔点时，控制升温速率为 0.2~0.3 ℃/min。样品晶粒的边缘开始变圆且有液滴出现，表示样品开始熔化，此时的温度即为初熔温度。待样品完全变

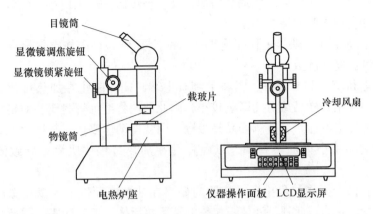

图 2.5　显微熔点仪

目镜筒

显微镜调焦旋钮

显微镜锁紧旋钮

载玻片

物镜筒

冷却风扇

电热炉座

仪器操作面板　LCD显示屏

为液体，此时即为全熔。

（三）全自动数字熔点仪测熔法

图 2.6 所示为一台全自动数字熔点仪，它可以自动显示待测样品初熔、全熔时的温度，操作简单便捷。具体操作如下：

打开电源开关，待仪器稳定后，设定起始温度和升温速率；待仪器炉温达到起始温度并稳定后，插入样品毛细管；按升温按钮，仪器开始按照设定的工作参数对样品进行加热。当达到初熔点时，仪器自动显示初熔温度；当达到终熔点时，显示终熔温度，同时显示熔化曲线。

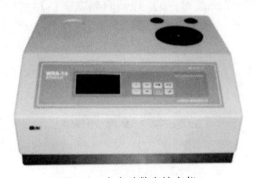

图 2.6　全自动数字熔点仪

【注意事项】

（1）测定熔点的样品可选种类较多，除乙酰苯胺外，还可以为肉桂酸、尿素等。

（2）若待测样品的熔点在 150 ℃以下，则一般选用甘油、液体石蜡等作为浴液。若待测样品熔点在 300 ℃以下，则通常采用硫酸、硅油等作为浴液。以硫酸作为浴液时，可加入硫酸钾以提高浴液温度，还可防止产生白烟。此外，硫酸具有强腐蚀性，操作时要注意安全。

（3）软木塞开一缺口，作用有两个：一个是作为管内热空气流导出口；二是方便观测温度计读数。

（4）若待测样品易升华，需将毛细管上端封闭，防止在加热过程中样品升华。压力的变化对样品熔点的影响较小，因此即使将毛细管封闭，对熔点测量值的影响也可忽略不计。若待测样品易吸潮，则装样动作要快，装样完成后应立刻将毛细管上端用小火加热封闭，以免样品在加热过程中吸潮，导致测定熔点偏小。

（5）在整个操作过程中，橡皮圈应始终在油浴液面以上，以免橡皮圈被浴液溶胀而发生脱落。此外，液体石蜡等浴液受热后体积发生膨胀，因此加热过程中 Thiele 管中液面会上升，橡皮圈要尽量放高一些。

（6）缓慢升温的目的：一是保证热量有足够的时间从毛细管外传递到毛细管内；二是便于观察温度计读数和样品状态的变化。

（7）每一次实验都必须用新毛细管装样，毛细管不能重复利用。

五、思考题

（1）如何判断两种熔点相近的物质是否为同一种物质？

（2）测定熔点时，如果出现下列情况，测量结果会怎样？1）熔点毛细管管壁太厚；2）熔点毛细管不干净；3）样品干燥不完全；4）样品研磨不够细；5）样品在毛细管中装填不紧密；6）样品装填太多；7）加热速率快；8）观察温度计读数慢。

2.2　沸点的测定

实验二　沸点的测定

一、实验目的

（1）掌握微量法测沸点的原理和操作方法。

（2）学会规范操作，培养良好的实验习惯和专业的实验素养。

二、实验原理

沸点是化合物的重要物理常数之一。液体受热时，其蒸气压升高。当蒸气压升高到与外界压力相等时，会有大量气泡从液体内部冒出，液体沸腾。此时的温度即为该物质的沸点。物质的沸点与外界压力有关。当外界压力增大时，液体沸腾时的蒸气压同样增大，沸点升高；反之，沸点降低。由于物质沸点随外界压力的变化而变化，因此在讨论化合物的沸点时，需要标明压力。通常我们所说的沸点，指的是外界压力为一个标准大气压（1.013×10^5 Pa）下物质沸腾时的温度。

在一定压力下，纯净的液体有机物具有一定的沸点，其沸程一般不超过1 ℃。但具有固定沸点的物质不一定是纯净物。例如，当两种或两种以上的液体物质形成共沸物时，该混合物同样具有固定的沸点。如果液体不纯，其沸点跟杂质的性质有关。若杂质挥发性低，则液体沸点升高；若杂质挥发性高，则液体沸程会增大。由此可见，通过测定沸点可判断物质的纯度及鉴别物质种类。

测定沸点的方法可以分为常量法和微量法两大类。使用常量法测定沸点时，样品用量较多，一般需要 10 mL 以上。本实验主要介绍微量法测沸点，适用于样品量不多的情况。

三、仪器与试剂

（一）主要仪器
沸点毛细管、温度计、酒精灯。
（二）主要试剂
液体石蜡、无水乙醇。

四、实验步骤

图 2.7 所示装置可用于微量法测沸点。取一根直径 5 mm 左右的玻璃管作沸点毛细管外管，将其一端用小火封闭。取 3~5 滴待测样品于外管中，液体样品高度约为 1 cm。再向沸点管中放入一根直径 1 mm 左右、上端封闭的毛细管作内管。然后用橡皮圈将沸点毛细管固定在温度计水银球旁边，并插入浴液（液体石蜡）中进行加热。随着温度的升高，内管中会有气泡断断续续地冒出。当温度达到样品沸点时，内管中会形成一连串的小气泡。此时，停止加热，浴液温度缓慢下降，内管中小气泡逸出的速度将放缓。最后一个气泡即将缩回内管时，表明沸点管内的蒸气压与外界大气压相等，此时的浴液温度即为该样品的沸点。为验证测定的准确性，待浴液温度下降几摄氏度后可以再缓慢加热，记录第一个气泡出现

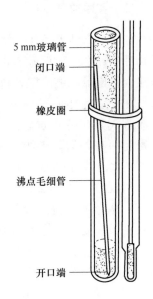

5 mm玻璃管
闭口端
橡皮圈
沸点毛细管
开口端

图 2.7　微量法测沸点

时的温度。前后两次记录的温度差不超过 1 ℃ 即说明测定准确。

【注意事项】

可截取适当长度的熔点毛细管作沸点管的内管。使用时注意毛细管的封闭端向上，开口端向下插在浴液中。

五、思考题

(1) 液体沸腾的条件是什么？物质的沸点与环境压强之间存在什么关系？

(2) 微量法测定液体沸点时，为什么记录最后一个气泡刚要缩回内管时的温度？

2.3　折射率的测定

实验三　折射率的测定

一、实验目的

(1) 学会使用阿贝折射仪。

(2) 理解折射率测定的原理和意义。

(3) 学会规范操作仪器，培养良好的实验素养。

二、实验原理

与熔点、沸点类似，物质的折射率（也称折光率）同样是有机化合物的重要物理参数之一。折射率的测定可以精确至万分之一，因此作为衡量物质纯度的方法，它比沸点更可靠。利用折射率还可以定性鉴别有机化合物。

在一定的环境条件下，光线从一种介质进入另一种介质后，由于两种介质的密度存在差异，光线的传播速度和传播方向将会发生改变，这种现象就是光的折射现象。如图 2.8 所示，光线以入射角 α 从介质 A 进入介质 B 后，传播方向发生了改变，在介质 B 内变为折射角为 β 的光线。折射率 n 的定义为：入射角 α 的正弦与折射角 β 的正弦之比，即

$$n = \frac{\sin\alpha}{\sin\beta}$$

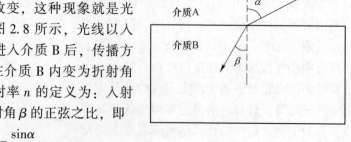

图 2.8　光的折射

根据折射率 n 的定义，入射角 α 恰好为 90°时，$\sin\alpha$ 达到最大值 1，此时折射角 β 同样达到最大值，称为临界角 β_0，即

$$n = \frac{1}{\sin\beta_0}$$

因此，通过测定临界角可计算得到折射率，这也是阿贝折射仪的工作原理，如图 2.9 所示。

阿贝折射仪采用"半明半暗"的方法测定临界角 β_0。使单色光在 0°~90°内的所有角度从介质 A 进入介质 B，故介质 B 中临界角 β_0 以内所有的区域均有光线，这部分是明亮的；而临界角 β_0 以外的区域由于没有光线，因此是暗的。由此，在临界角 β_0 处应该恰好为明暗区域的交界线。利用阿贝折射仪，可以在目镜视野内清楚地观察到明暗交界线，如图 2.10 所示。

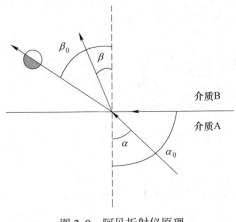

图 2.9　阿贝折射仪原理

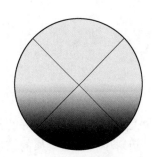

图 2.10　临界角处的目镜视野

阿贝折射仪的结构如图 2.11 所示，其主要由望远镜组和棱镜组构成。棱镜组由测量棱镜和辅助棱镜两块直角棱镜构成。望远镜组由右边的测量望远镜和左边的读数望远镜构成。测量望远镜主要用于观察折射情况，内装有消色散棱镜。读数望远镜内有刻度盘，其上刻有两列数值，右边一列为折射率（量程：1.3000~1.7000），左边一列用于工业测定糖溶液浓度的标度。测定时，光线经过反光镜进入辅助棱镜，发生漫反射，从而以不同角度进入待测样品薄层，然后射到测量棱镜上。此时，一部分光线进入测量目镜，从而可以获得折射率。

不同介质的折射率不同，临界角也不同，因此视野内明暗区域的位置也不同。阿贝折射仪的目镜上有一个"十"字交叉线，每次测量时，只需要调整目镜与介质 B 的相对位置，使明暗交界线恰好与"十"字线的中心重合即可。通过测定目镜与介质 B 的相对角度，经过计算可获得介质 B 的折射率。阿贝折射仪

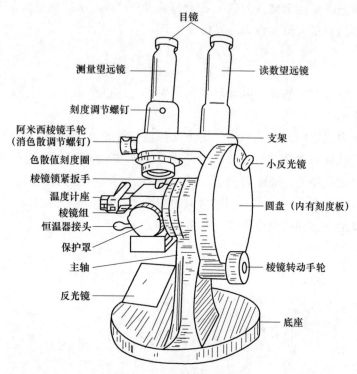

目镜

测量望远镜

读数望远镜

刻度调节螺钉

阿米西棱镜手轮
（消色散调节螺钉）

支架

色散值刻度圈

小反光镜

棱镜锁紧扳手

温度计座

棱镜组

圆盘（内有刻度板）

恒温器接头

保护罩

主轴

棱镜转动手轮

反光镜

底座

图 2.11　阿贝折射仪的结构

标尺上的读数就是换算好的介质折射率。

　　折射率不仅与物质的结构及纯度等内因有关，还受外部因素的影响，包括入射光的波长、温度等。通常单色光（如钠光 D 线，波长 589.3 nm）的测定值比白光更为精确。而阿贝折射仪有消色散棱镜，可以直接利用白光，测定结果与钠光一样准确。折射率随温度的升高通常会下降。因此，表示折射率时要注明光线和温度。例如，n_D^{20} 表示以钠光作光源，在 20 ℃时物质的折射率。温度每升高 1 ℃，有机物的折射率约减小 4.5×10^{-4}。因此，不同温度下折射率的换算公式为

$$n_D^T = n_D^t + 4.5 \times 10^{-4}(t - T)$$

式中，T 为换算温度，℃；t 为实验温度，℃。实验操作时，在折射仪和恒温水浴槽之间循环恒温水以保持温度恒定。

三、仪器与试剂

（一）主要仪器

滤纸、擦镜纸、阿贝折射仪。

（二）主要试剂

蒸馏水、乙醇、乙酸乙酯。

四、实验步骤

用橡皮管将辅助棱镜和测量棱镜上保温套的进、出水口与恒温水浴槽相连，设置好温度。

（一）加样

开启辅助棱镜，用乙醇浸湿的擦镜纸擦拭上下镜面。等镜面干燥后，用滴管滴加 1~2 滴蒸馏水于镜面上。旋紧扳手，使蒸馏水铺满镜面。测定蒸馏水的折射率，这一步是对仪器进行校正。

（二）对光

调节消色散手柄，使刻度盘标尺显示值为最小。然后调节反光镜，使测量目镜中的视野最明亮。转动棱镜调节旋钮，直至在测量目镜中可以观察到黑白区域的临界线。若在视野中看到彩色的光带，可以调节消色散手柄，直至清晰地观察到黑白分界线。

（三）精调

转动棱镜调节旋钮，使黑白分界线恰好与目镜"十"字的交叉点重合，如图 2.10 所示。

（四）读数

从读数望远镜中读出蒸馏水的折射率。重复测定蒸馏水的折射率 3 次，每次读数相差不超过 0.0002。取 3 次测定的平均值，将其与蒸馏水的标准值相比，得到零点校正值。一般情况下，校正值较小。若校正值较大，要对整台仪器进行重新校正。已知，蒸馏水的折射率标准值为 $n_D^{20} = 1.3330$，$n_D^{25} = 1.3325$。

（五）测样

重复步骤（二）~（五），在步骤（二）中滴入待测样品（乙酸乙酯），测出待测样品的折射率。重复测定 3 次，取其平均值，并根据零点校正值加以校正。已知纯净的乙酸乙酯的 $n_D^{20} = 1.3723$。

（六）清洗

实验完成后，先用干净的擦镜纸擦去棱镜镜面上的液体，再用乙醇浸湿的擦镜纸擦拭镜面。待其干燥后，垫一张干净的擦镜纸，旋上锁钮，放置于仪器室保存。

【注意事项】

（1）折射率还可用来确定混合物的组成。当构成混合物的各组分结构相似、极性较小时，混合物的折射率与物质的摩尔分数呈简单线性关系。因此，蒸馏两种及两种以上液体混合物且组分沸点相近时，就可利用折射率通过线性关系确定馏分的组成。

（2）如果测定挥发性较强的样品，加样速度要快，也可以通过棱镜侧面的小孔加入。

（3）观察到彩色光带，很可能是由于有光线没有经过棱镜面，直接射在聚光透镜面上。

（4）阿贝折射仪需谨慎保存，定时维护。维护方法包括：1）折射仪的棱镜不能用玻璃管、滤纸等碰触，只能用擦镜纸擦拭。不能用于测定强酸、强碱及有腐蚀性的样品。2）仪器不能暴晒，用完后应放置在木箱内并置于干燥处。

五、思考题

（1）测定有机物的折射率有什么作用？

（2）折射率的影响因素有哪些？折射率 n_D^{20} 表示什么意思？

（3）假设测得某一样品的折射率为 $n_D^{20} = 1.4710$，那么它在 25 ℃ 下的折射率约为多少？

2.4　旋光度的测定

实验四　旋光度的测定

一、实验目的

（1）学会测定旋光度。

（2）理解旋光度测定的原理和意义。

（3）培养学生理论联系实际的能力，认识化学实验对实际生产的重要性。

二、实验原理

旋光度是指具有光学活性的物质使偏振光发生旋转所产生的角度 α。旋光度可用于鉴定光学活性物质的结构、纯度及含量等。

光学活性物质，又称旋光物质，具有实物与其镜像不能重叠的特点（手性）。大多数生物碱和生物体内的有机分子具有旋光性。使偏振光向右旋转的有机物称为右旋体；反之，则称为左旋体。旋光度不仅与物质本身的结构有关，还与测定溶液的浓度、测定时的温度、所用光源的波长及旋光管的长度等外部因素有关。为消除外界因素的影响，通常我们用比旋光度 $[\alpha]_\lambda^t$ 表示物质的旋光度。比旋光度只与物质的分子结构有关，需要利用公式换算才能将测得的旋光度 α 转化为 $[\alpha]_\lambda^t$。根据所测样品是溶液还是纯净液体，比旋光度的定义和换算公式不同。

若所测样品是溶液，比旋光度为在液层长度为 1 dm，浓度为 1 g/mL，温度为 20 ℃，光源为钠光谱 D 线（波长 589.3 nm）时的旋光度。换算公式如下：

$$[\alpha]_\lambda^t = \frac{\alpha}{l \times c}$$

若所测样品是纯净液体，比旋光度为在液层长度为 1 dm，密度为 1 g/mL，温度为 20 ℃，光源为钠光谱 D 线时的旋光度。换算公式如下：

$$[\alpha]_\lambda^t = \frac{\alpha}{l \times d}$$

以上两式中，$[\alpha]_\lambda^t$ 为物质在温度为 t、光波长为 λ 时的比旋光度，若用钠光，可表示为 $[\alpha]_D^t$；α 为测定的旋光度，（°）；l 为旋光管的长度，dm；c 为溶液中旋光性物质的质量浓度，g/mL；d 为纯净液体在 20 ℃ 时的密度，g/mL。

通常用旋光仪测定物质的旋光度。目测旋光仪的基本结构主要包括钠光灯、起偏镜、旋光管、检偏镜等，如图 2.12 所示。光线从钠光灯发出，经过起偏镜，变成在单一方向上振动的平面偏振光。旋光管内盛有旋光性物质，因此当偏振光通过旋光管后，它不能再通过检偏镜。此时，需要将检偏镜旋转一定角度，才能使偏振光通过。调节检偏镜进行配光，使光线最大限度地通过。根据检偏镜上的标度盘读出转动的角度，即为该物质的旋光度。

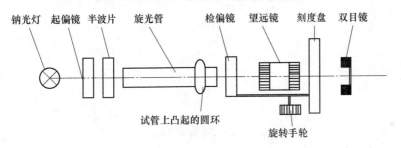

图 2.12　目测旋光仪基本结构

为提高测定准确性，测定旋光度时通常在视野中分出三分视场，如图 2.13 所示。若检偏镜的偏振面与起偏镜的偏振面平行，则观察到中间暗、两边亮的现象，如图 2.13（a）所示；若检偏镜的偏振面与偏振光的偏振面平行，则观察到中间亮、两边暗的现象，如图 2.13（b）所示；若检偏镜的偏振面处于 $\frac{1}{2}\phi$（半暗角）的角度，则视野明暗各处相同，如图 2.13（c）所示，即单一视场，此时的位置作为零度。测定时，调节目镜视野内明暗相同。一般选择较暗的单一视场为该物质的旋光度。

自动数显旋光仪（图 2.14）应用了光电检测器及晶体管自动显示装置，读

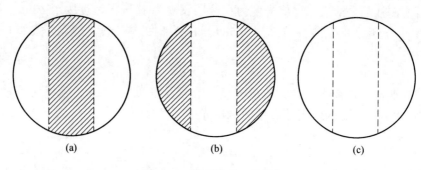

图 2.13　旋光仪的三分视场

数方便，避免了人为读数误差，目前已被广泛使用。本节实验为利用自动数显旋光仪测定葡萄糖的比旋光度。

图 2.14　自动数显旋光仪

三、仪器与试剂

（一）主要仪器
电子天平、烧杯、容量瓶、自动数显旋光仪。

（二）主要试剂
葡萄糖（AR）。

四、实验步骤

（一）配制样品溶液
精确称取 10 g 葡萄糖，配制成 100 mL 水溶液。

（二）旋光仪开机
打开电源，预热 5 min，使钠光灯发光稳定。打开光源开关，使钠光灯点亮。然后按下"测量"开关，开始测量，此时会有数字显示。

（三）零点校正
将盛有蒸馏水的旋光管放于样品室，盖上盖子。待数字显示稳定后，按下

"清零"键。然后按下"复测"键，使示数为 0。重复此操作 3 次。

（四）测定旋光度

取出旋光管，倒掉蒸馏水，并用待测葡萄糖溶液冲洗旋光管 3 次。然后将待测样品注入旋光管，将其放入样品室，盖好盖子，直接读出旋光度。按下"复测"键，重复读数 3 次，取平均值作为实验结果。

（五）关机

实验完成后，取出旋光管，清洗干净并擦干放好。依次关闭"测量""光源""电源"开关。

（六）计算

利用计算公式，将测定的旋光度换算为比旋光度。

【注意事项】

（1）测定有变旋现象的物质时，应使样品放置一段时间方可测量。本实验所测的葡萄糖溶液，应配制好放置 1 d 后再测。

（2）在旋光管中加入蒸馏水或待测样品时，应尽量使液体液面凸出旋光管管口。将玻璃盖沿管口轻轻推盖好，以避免带入气泡。

（3）旋光仪连续使用时间不宜超过 4 h。若超过时长，中间应关闭 15 min，待钠光灯冷却后再继续测定，以免影响钠光灯使用寿命。

五、思考题

（1）比旋光度与旋光度有何异同点？它们之间存在何种联系？

（2）旋光度测定的意义是什么？

（3）葡萄糖溶液为什么需要放置 1d 后再进行旋光度的测定？

3 有机化合物的分离和提纯

从有机反应中分离出的固体有机化合物往往是不纯的，其中夹杂着一些反应副产物和未反应的原料及催化剂等，它们与所需要的主产物一起组成混合物，这就要求我们尽量把所需要的物质从混合物中分离出来，并进一步纯化以达到工农业生产或者科学研究所需要的纯度。因此，对于一个有机合成实验来说，选择一个合理的合成方法固然重要，但是更重要、更难的也许是选择一个切实可行的方法将产物从反应体系中分离出来得到比较纯的产物。同样，在天然产物的研究过程中，首先要解决的问题也是天然产物的提取与纯化，其次才是进行天然产物的结构鉴定以及一系列的应用研究。

有机化合物的分离提纯手段很多，对于液体有机化合物的分离和提纯来说，应用最广泛的方法是常压蒸馏、简单分馏、水蒸气蒸馏、减压蒸馏等；对于固态有机化合物的分离和提纯来说，常用的方法有重结晶、升华等。有些分离和提纯技术，比如萃取和洗涤、色谱分离等，不仅适合于液体有机化合物，也适用于固体有机化合物的分离和提纯。随着现代分离技术的不断问世，可以相信，有机化合物的分离和提纯手段将越来越丰富、分离效率将越来越高。本章主要介绍一些有机化合物分离和提纯的常用手段，包括它们的基本原理和操作方法，并配有实验实例。

3.1 重 结 晶

将晶体用溶剂先进行加热溶解后，又重新成为晶态析出的过程称为重结晶。因为从有机反应中分离出来的固体有机物往往是不纯的，其中夹杂着一些反应副产物、未作用的原料及催化剂等。除去这些杂质，通常是用合适的溶剂进行重结晶，这是固体有机化合物的最普遍、最常见的提纯方法。

3.1.1 重结晶原理

固体有机物在溶剂中的溶解度与温度有密切关系，一般是温度升高溶解度增大。若把固体溶解在热的溶剂中达到饱和，冷却时由于溶解度降低，溶液变成过饱和而析出晶体。利用溶剂对被提纯物质及杂质的溶解度不同，可以使用被提纯物质从过饱和溶液中析出，而让杂质全部或大部分仍留在溶液中（或被过滤除去），从而达到提纯目的。

重结晶一般只适用于纯化杂质含量在 5% 以下的固体有机物。杂质含量多，常会影响晶体生成的速度，有时甚至会妨碍晶体的形成，有时变成油状物难于析出晶体，或者重结晶后仍有杂质。这时常先用其他方法初步纯化，例如萃取、水蒸气蒸馏、减压蒸馏等，然后再用重结晶提纯。

3.1.2　溶剂的选择

在进行重结晶时，选择理想的溶剂是一个关键，理想的溶剂必须具备下列条件：

（1）不与被提纯物质起化学反应；

（2）在较高温度时能溶解多量的被提纯物质，而在室温或更低的温度时只能溶解很少量；

（3）对杂质的溶解度非常大或非常小（前一种情况是使杂质留在母液中不随提纯物晶体一同析出，后一种情况是使杂质在热过滤时被滤去）；

（4）容易挥发（溶剂的沸点较低），易与晶体分离除去；

（5）能给出较好的结晶；

（6）廉价易得，毒性低，回收率高，操作安全。

常用的单一溶剂见表 3.1。

表 3.1　常用的单一溶剂

溶剂名称	沸点/℃	密度/g·cm⁻³	溶剂名称	沸点/℃	密度/g·cm⁻³
水	100	1.00	乙酸乙酯	77.1	0.90
甲醇	64.7	0.79	二氧六环	101.3	1.03
乙醇	78.0	0.79	二氯甲烷	40.8	1.34
丙酮	56.1	0.79	二氯乙烷	83.8	1.24
乙醚	34.6	0.71	三氯甲烷	61.2	1.49
石油醚	30~60 60~90	0.68~0.72	四氯化碳	76.8	1.58
			硝基甲烷	120.0	1.14
环己烷	80.8	0.78	丁酮	79.6	0.81
苯	80.1	0.88	乙腈	81.6	0.78
甲苯	110.6	0.87	乙酸	118	1.05

单溶剂的选择方法：取若干小试管，各放入 0.1 g 待重结晶物质，分别加入 0.5~1 mL 不同种类的溶剂，加热沸腾，至完全溶解，冷却后能析出最多量晶体的溶剂，一般可认为是最合适的。有时在 1 mL 溶剂中尚不能完全溶解，可用滴管逐步添加溶剂，每次 0.5 mL，并加热至沸腾，如果在 3 mL 热溶剂中仍不能全

溶，可以认为此溶剂不合适。如果固体在热溶剂中能溶解，而冷却后无晶体析出，可用玻璃棒在试管中液面下刮擦，以及在冰-盐混合物中冷却，若仍无晶体产生，则此溶剂也不适用，说明该物质在此溶剂中的溶解度太大了。

若一种物质有两种或多种合适溶剂可用作重结晶，则应根据晶体的回收率、操作难易、溶剂的毒性、易燃性和价格等来选择。

混合溶剂的选择方法：如果未能找到某一合适的溶剂，则可采用混合溶剂。混合溶剂通常是由两种互溶的溶剂组成的，其中一种对被提纯物质的溶解度很大（称为良溶剂），而另一种对被提纯物质的溶解度很小（称不良溶剂）。常用的混合溶剂见表 3.2。

表 3.2　常用的混合溶剂

水-乙醇	甲醇-水	石油醚-苯	乙醚-丙酮	乙醇-乙醚-乙酸乙酯
水-丙酮	甲醇-乙醚	石油醚-丙酮	氯仿-乙醇	
水-乙酸	甲醇-二氯乙烷	氯仿-石油醚	苯-无水乙醇	

用混合溶剂重结晶时，先将物质溶于热的良溶剂中。若有不溶解物质则趁热滤去，若有色则加活性炭煮沸脱色后趁热过滤。在此热溶液（接近沸点温度下）中滴加热的不良溶剂，直至所呈现的浑浊不再消失为止，此时该物质在温和溶剂中呈过饱和状态。再加入少量（几滴）良溶剂或稍加热使恰好透明，然后将此混合物冷至室温，使晶体自溶液中析出。当重结晶量大时，可先按上述方法，找出良溶剂和不良溶剂的比例，然后将两种溶剂先混合好，再按一般方法进行重结晶。

3.1.3　操作方法

3.1.3.1　热溶液的制备

这是重结晶操作过程中的关键步骤。其目的是用溶剂充分分散产物和杂质，以利于分离提纯。一般用锥形瓶或圆底烧瓶来溶解固体。若溶剂易燃或有毒时，应装回流冷凝器。加入沸石和已称量好的粗产品，先加少量溶剂，然后加热使溶液沸腾或接近沸腾，边滴加溶剂边观察固体溶解情况，使固体刚好全部溶解，停止滴加溶剂，记录溶剂用量。再加入 20% 左右的过量溶剂，主要是为了避免溶剂挥发和热过滤因温度降低，使晶体过早地在滤纸上析出造成产品损失。溶剂用量不宜太多，否则会造成晶体析出太少或根本不析出，此时，应将多余的溶剂蒸发掉，再冷却结晶，有时，总有少量固体不能溶解，应将热溶液倒出或过滤，在剩余物中再加入溶剂，观察是否能溶解，如加热后慢慢溶解，说明此产品需要加热较长时间才能全部溶解。如仍不溶解，则视为杂质去除。

3.1.3.2　脱色与热过滤

粗产品溶解后，如其中含有有色杂质或树脂状杂质，会影响产品的纯度甚至妨碍晶体的析出，此时常加入吸附剂以除去这些杂质，最常用的吸附剂有活性炭和三氧化二铝。吸附剂的选择和重结晶的溶剂有关，活性炭适用于极性溶剂（如水、乙醇等有机溶剂）；三氧化二铝适用于非极性溶剂（如苯、石油醚），否则脱色效果较差。活性炭的用量，根据所含杂质的多少而定。一般为干燥粗产品质量的1%~5%，有时还要多些。若一次脱色不彻底，则可将滤液用1%~5%的活性炭进行再脱色。但必须注意：活性炭除吸附杂质外，也会吸附产品，因而活性炭加入过多是不利的。为了避免液体的暴沸，甚至冲出容器，活性炭不能加到已沸腾的溶液中，须稍冷后加入，然后煮沸5~10 min，再趁热过滤，除去活性炭。

准备好的热溶液，必须趁热过滤，以除去不溶性杂质，应避免在过滤过程中有晶体析出。热过滤有两种方法，即常压热过滤（重力过滤）和减压过滤（抽滤）。

常压热过滤（重力过滤）选短颈且粗的玻璃漏斗放在烘箱中预热，过滤时趁热取出使用。在漏斗中放一折贴滤纸，见图3.1，折贴滤纸向外的棱边，应紧贴于漏斗壁上，见图3.2。先用少量热的溶剂湿润滤纸，在玻璃棒的引流下，把热溶液转移到玻璃漏斗中。转移的容积量尽可能多，以溶液液面低于滤纸边缘1 cm为宜。再用表面皿盖好漏斗，以减少溶剂挥发。如过滤的溶液量较多，则应用热水保温漏斗，将它固定安装妥当后，预先将夹套内的水烧热，如图3.3所示，切忌在过滤时用火加热。若操作顺利，只有少量晶体析出在滤纸上，可用少量热溶剂洗下。若结晶较多，用刮刀刮回原来的瓶中，再加适量溶剂溶解，过滤。滤毕，将溶液瓶加盖，放置冷却。整个热过滤操作中，周围不能有火源，应事先做好准备，操作应迅速。

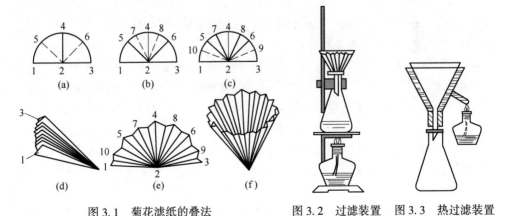

图3.1　菊花滤纸的叠法　　　　　图3.2　过滤装置　图3.3　热过滤装置

减压过滤（抽滤）可用布氏漏斗或砂芯漏斗和抽滤瓶，减压抽滤见图3.4。

减压抽滤，操作简便迅速，其缺点就是悬浮的杂质有时会穿过滤纸，漏斗孔内易析出晶体，堵塞其孔；滤下的热溶液，由于减压溶剂易沸腾而被抽走。尽管如此，实验室还比较普遍采用。

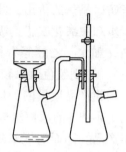

图 3.4　减压过滤装置

　　减压过滤应注意：滤纸的直径应略小于漏斗的内径，并能把布氏漏斗的孔洞全部盖住。在过滤前应将布氏漏斗放入烘箱（或用电吹风）预热；抽滤前用同一热溶剂将滤纸润湿后抽滤，使其紧贴于漏斗的底面。布氏漏斗以橡胶塞与抽滤瓶相连，漏斗下端斜口正对抽滤瓶支管，抽滤瓶的支管套上橡胶管，与安全瓶相连，再与水泵相连。抽滤结束时，先拔掉橡胶管再关闭抽滤泵，防止安全瓶中的水倒吸进抽滤瓶。

3.1.3.3　结晶的析出

　　将滤液在冷水中快速冷却并剧烈搅动时，可得到颗粒很小的晶体。小晶体虽然包含的杂质少，但由于表面积大所以吸附杂质多；若结晶速率过慢，则可得到颗粒很大的晶体，结晶中会包藏有母液和杂质，纯度降低，难以干燥。因此，应将滤液静置，使其缓慢冷却，不要急冷和剧烈搅动，以免晶体过细，当发现大晶体正在形成时，轻轻摇动使之形成较均匀的小晶体。为使结晶更完全，可使用冰水冷却。

　　如果溶液冷却后仍不结晶，可投"晶种（同一种物质的晶体）"或用玻璃棒摩擦器壁引发晶体形成。

　　如果被纯化的物质不析出晶体而析出油状物，由于油状物中含杂质较多，这时可将析出油状物的溶液加热重新溶解，让其自然冷却至开始有油状物出现时，立即剧烈搅拌，使油状物在均匀分散的条件下固化，这样包含的杂质较少。当然最好改换溶剂或溶剂用量，再进行结晶，得到纯的晶体产品。

3.1.3.4　结晶的过滤、洗涤

　　常用布氏漏斗进行抽气过滤使析出的结晶体与母液分离。为了更好地将晶体与母液分开，最好用清洁的玻璃塞将晶体在布氏漏斗上挤压，并随同抽气尽量除去母液。晶体表面残留的母液可用少量的冷凝剂洗涤，这时抽气应暂时停止，用玻璃棒或不锈钢刮刀将晶体挑松，使晶体润湿，稍等片刻，再抽气把溶剂滤去，重复操作 1~2 次。从漏斗上取出晶体时，注意勿使滤纸纤维附于晶体上，常与滤纸一起取出，待干燥后，用刮刀轻敲滤纸，晶体即全部落下来。

3.1.3.5　结晶的干燥

　　抽滤洗涤后的晶体，表面上还有少量的溶剂，因此应选择适当方法进行干燥。重结晶后的产物，必须充分干燥，通过测定熔点来检验其纯度。固体干燥方法很多，可根据晶体的性质和所使用的溶剂来选择。

少量有机化合物的重结晶，一般可用5～10 mL锥形瓶进行热熔解，脱色、热过滤后冷却析出晶体，抽滤、洗涤得重结晶产物。过滤少量的晶体，可用玻璃钉漏斗，如图3.5所示，玻璃钉漏斗上铺的滤纸应较玻璃钉的直径稍大，滤纸用溶剂先润湿后进行抽滤，用玻璃棒或刮刀挤压使滤纸的边沿紧贴于漏斗上。

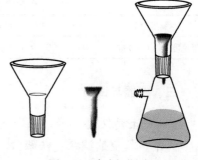

图3.5 玻璃钉漏斗

3.1.3.6 晶体的干燥

为了保证产品的纯度，需要将晶体进行干燥，把溶剂彻底去除。当使用的溶剂沸点比较低时，可在室温下使溶剂自然挥发达到干燥的目的。当使用的溶剂沸点比较高（如水）而产品又不易分解和升华时，可用红外灯烘干。当产品易吸水或吸水后易发生分解时，应用真空干燥器进行干燥。干燥后测熔点，如发现纯度不符合要求，可重复上述操作直至熔点不再改变为止。

实验五 苯甲酸的重结晶

一、实验目的

（1）熟悉有机物重结晶提纯的原理和应用。
（2）掌握有机物重结晶提纯的基本步骤和操作方法。

二、实验原理

重结晶（recrystallization）是分离提纯固体有机化合物的一种方法。从有机反应中分离出来的固体有机化合物通常是不纯的，其中常夹杂一些反应副产物、未反应的原料及催化剂等，纯化的方法通常是用合适的溶剂进行重结晶。

固体有机物的溶剂中的溶解度与温度有着密切的关系。一般是温度升高，溶解度增大。若把固体溶解在热的溶剂中达到饱和，冷却时或加入不良溶剂，由于溶解度下降，溶液变成过饱和溶液而析出结晶。在这一过程中，固体有机物所夹杂的杂质，或在此溶剂中不溶或溶解度很小，可以通过过滤除去；或是在此溶剂中的溶解度很大，留在结晶的母液中，从而达到提纯的目的。

苯甲酸在水中的溶解度随着温度的变化较大，见表3.3，通过重结晶可以使它与杂质分离，从而达到分离提纯的目的。

表 3.3　苯甲酸在水中的溶解度随温度的变化

温度/℃	10	20	30	40	50	60	70	80	90	95
溶解度/g·(100mL)$^{-1}$	0.21	0.29	0.42	0.60	0.95	1.20	1.78	2.75	4.55	6.80

三、仪器与试剂

（一）主要仪器

天平、真空抽滤泵、铁架台、铁圈、烧杯、锥形瓶、量筒、酒精灯、玻璃棒、石棉网、短颈漏斗、滤纸、布氏漏斗。

（二）主要试剂

粗苯甲酸、蒸馏水。

四、实验步骤

（一）预热漏斗

先将短颈漏斗放入热水中预热，在进行热过滤操作时，也要维持漏斗的温度。

（二）制备粗苯甲酸热饱和溶液

在 250 mL 锥形瓶中加入 2 g 粗苯甲酸、80 mL 蒸馏水和几粒沸石，加热至微沸，不停搅拌使粗苯甲酸固体完全溶解。若在沸腾状态下尚未完全溶解，可每次加入 3~5 mL 热水，至全部溶解（但要特别注意粗品中是否含有不溶杂质，以免溶剂加入过多），待固体全部溶解后再多加约 20% 的水，移去热源。

（三）热过滤

取出预热好的短颈漏斗，在漏斗里放一张叠好的滤纸，并用少量的热水润湿，将热的漏斗放置在已固定好铁环的铁架台上，将上述溶解好的粗苯甲酸热溶液尽快倒入漏斗中，滤入干净且预热过的烧杯中（每次倒入漏斗的液体不要太满，也不要等溶液全部滤完再加，过滤过程中应保持饱和溶液的温度），待所有溶液过滤完毕后，用少量的热水洗涤锥形瓶和滤纸。

（四）冷却结晶

用表面皿将盛有滤液的烧杯盖好，放置在一旁，自然冷却或用冷水冷却，以使其尽快结晶完成。如果希望得到颗粒较大的晶体，可将滤液重新加热至溶解，再在室温下慢慢冷却。

（五）抽滤

结晶完成后，用布氏漏斗抽滤（滤纸用少量冷水润湿、吸紧），使晶体和母液分离，停止抽气加少量冷水至布氏漏斗中，使晶体湿润，然后重新抽干，如此反复 1~2 次，最后用药匙将提纯后的苯甲酸晶体（白色鳞片状）移至表面皿上烘干。

（六）称重

称量提纯后苯甲酸的质量，计算回收率。

五、思考题

（1）加热溶解待重结晶的初产物时，为什么先加入比计算量略少的溶剂，然后逐渐添加至恰好溶解，最后再多加少量溶剂？

（2）冷却滤液会析出苯甲酸晶体的原因是什么？结晶时为什么杂质不析出？是否温度越低越好？

（3）用抽滤瓶进行过滤时，应注意哪些问题？

3.2　升　华

升华是固体化合物提纯的又一种方法。由于不是所有的固体都有升华的性质，因此，它只适用于以下情况：（1）被提纯的固体化合物具有较高的蒸气压，在低于熔点时，就可以产生足够的蒸气，使固体不经过熔融状态直接变为气体，从而达到分离的目的；（2）固体化合物中杂质的蒸气压比较低，有利于分离。

升华的操作比重结晶简便，纯化后产品的纯度较高。但是产品损失较大。时间较长，一般不适合大量产品的提纯。

3.2.1　升华原理

升华时利用固体混合物的蒸气压或挥发度不同，将不纯净的固体化合物在熔点温度以下加热，利用产物蒸气压高、杂质蒸气压低的特点，使产物不经溶液过程而直接汽化，遇冷后固化（杂质则不能）来达到分离固体混合物的目的。

一般来说，具有对称结构的非极性化合物，其电子云的密度分布比较均匀，偶极矩较小，晶体内部静电引力小，因此这类固体都具有蒸气压高的性质。与液体化合物的沸点相似，当固体化合物的蒸气压与外界施加给固体化合物的表面的压力相等时，该固体化合物开始升华，此时的温度为该固体的升华点。在常压下不易升华的物质，可利用减压进行升华。

3.2.2　升华分类

3.2.2.1　常压升华

常用的常压升华装置如图 3.6 所示。

图 3.6（a）是实验室常用的常压升华装置。将被升华的固体化合物烘干，放入蒸发皿中，铺匀。取一大小合适的锥形漏斗，将颈口处用少量棉花堵住，以

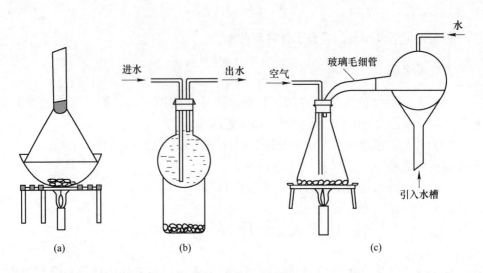

图3.6　常压升华装置

免蒸气外逸，造成产品损失。选一张略大于漏斗底口的滤纸，在滤纸上扎一些小口后盖在蒸发皿上，用漏斗盖住。将蒸发皿放在砂浴上，用电炉、煤气灯火电热套加热，在加热过程中应注意控制温度在熔点以下，慢慢升华。当蒸气开始通过滤纸上升至漏斗中时，可以看到滤纸和漏斗壁上有晶体析出。如晶体不能及时析出，可在漏斗外面用湿布冷却。当升华量较大时，可换用如图3.6（b）所示的装置分批进行升华，通水进行冷却以使晶体析出。当需要通入空气或惰性气体进行升华时，可换用如图3.6（c）所示的装置。

3.2.2.2　减压升华

减压升华装置如图3.7所示。将样品放入吸滤管（图3.7（a））或瓶（图3.7（b））中，在吸滤管中放入"指形冷凝器"（又称冷凝指），接通冷凝水，抽气口与水泵连接好，打开水泵，关闭安全瓶上的放气阀，进行抽气。将此装置放入电热套或水浴中加热，使固体在一定压力下升华。冷凝后的固体凝聚在"指形冷凝器"的底部。

【注意事项】

（1）升华温度一定要控制在固体化合物熔点以下。

（2）被升华的固体化合物一定要干燥，如有容积将会影响升华后固体的凝结。

（3）滤纸上的孔应尽量大一些，以便蒸气上升时顺利通过滤纸，在滤纸的上面和漏斗中结晶，否则将会影响晶体的析出。

（4）减压升华时，停止抽滤一定要先打开安全瓶上的放空阀，再关泵。否则循环泵的水会倒吸入吸滤管中，造成实验失败。

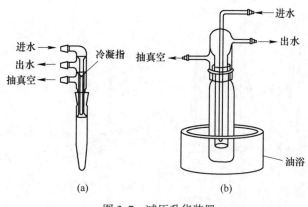

图 3.7　减压升华装置

3.3　蒸　馏

蒸馏是分离和提纯液体有机化合物最常用的方法之一，分为简单蒸馏、减压蒸馏、共沸蒸馏、水蒸气蒸馏和分馏等。

3.3.1　蒸馏原理

蒸馏就是将液体加热至沸腾，使液体变为蒸汽，然后将蒸汽冷凝为液体的过程，它不仅可以提纯和分离混合物，而且还可以测定化合物的沸点。

将液态物质加热，液体分子从表面逸出形成蒸气压。蒸气压随温度的升高而增大，当液体的蒸气压增高大到与外界压力（通常指 1 atm）相等时，液体沸腾，这时的温度称为液体的沸点。纯液体化合物的蒸馏过程中沸点范围很小（0.5~1 ℃），利用蒸馏可测定化合物的沸点（常量法测沸点），还可将沸点相差较大（≥30 ℃）的液态化合物有效分离。

3.3.2　蒸馏装置

装置包括蒸馏、冷凝、接收三部分，按照从左到右的顺序安装好，如图 3.8 所示。安装时注意温度计水银球上限与蒸馏头直观下限在同一水平线上，接收部分要与外界大气相通。

3.3.3　操作方法

量取 20 mL 被测样品，取下温度计，在蒸馏头上口放一长颈漏斗，注意长颈漏斗下口处的斜切面应在蒸馏头支管下方，慢慢将液体倒入圆底烧瓶，然后加入

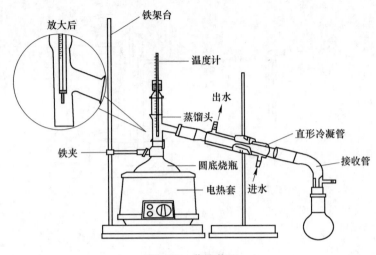

图 3.8　蒸馏装置

沸石（多孔物质）。当加热液体时，孔内的小气泡形成汽化中心，使液体平稳沸腾。

　　先开通冷凝水，再加热，开始电压可调得略高；一旦液体沸腾，水银球部位出现液滴，应控制加热电压，蒸馏速度以每秒 1~2 滴为宜。

　　蒸馏过程中注意温度计的变化，在达到需要物质的沸点之前常有沸点较低的液体蒸出，这部分馏出液称前馏分或馏头，单独收集。达到所需的温度后，换一个已称量并干燥的容器接受所需馏分。当温度超过沸程范围（后馏分或馏尾）时停止接收。

　　馏分蒸完后，先停止加热，冷却馏出物不再继续流出时取下接收器，关掉冷凝水，拆卸仪器并清洗。

3.4　分　　馏

3.4.1　分馏原理

　　蒸馏和分馏都是分离提纯液体有机化合物重要方法。普通蒸馏主要分离两种或两种以上沸点相差较大的液体混合物，分馏则用于分离和提纯沸点相差较小的液体混合物。要用普通蒸馏分离沸点相差较小的液体混合物，从理论上讲只要对蒸馏的馏出液经过反复多次的普通蒸馏，就可以达到分离的目的，但这样操作既烦琐、费时又浪费极大，应用分馏则能克服这些缺点，提高分离效果。

分离是使沸腾的混合物蒸气通过分馏柱，在柱内高沸点组分被柱外冷空气冷凝变成液体，流回烧瓶中，使继续上升的蒸气中低沸点组分相对增加，冷凝液在回流途中遇到上升的蒸气，两者之间进行了热量和质量的交换，上升的蒸气中高沸点组分又被冷凝下来，低沸点组分继续上升，在柱中如此反复地汽化，冷凝。当分馏柱效率足够高时，首先从柱上面出来的是纯度较高的低沸点组分，随着温度的升高，后蒸出来的主要是高沸点组分，留在蒸馏烧瓶中的是一些不易挥发的物质。

分馏原理可以通过图 3.9 来说明。图中下面一条曲线是 A、B 两个化合物不同组成时的液体混合物沸点，而上面一条曲线是指在同一温度下，与沸腾液体相平衡时蒸气的组成。例如沸点为 112 ℃的 A 与沸点为 80 ℃的 B 混合，当混合物在 90 ℃沸腾时，其液体含 A 58%（摩尔分数）、B 42%（摩尔分数），见图 3.9 中 C_1，而与其相平衡的蒸气相含 A 78%（摩尔分数）、B 22%（摩尔分数），见图 3.9 中 V_1，该蒸汽冷凝后为 C_2，而与 C_2 相平衡的蒸气相 V_2，其组成为 A 90%（摩尔分数）、B 10%（摩尔分数）。由此可见，在任何温度下气相总是比与之相平衡的沸腾液相有更多的易挥发的组分，若将 C_2 继续经过多次汽化、多次冷凝，最后可将 A 和 B 分开。但必须指出：凡能形成共沸物的混合物都具有固定沸点，这样的混合物不能用分馏方法分离。

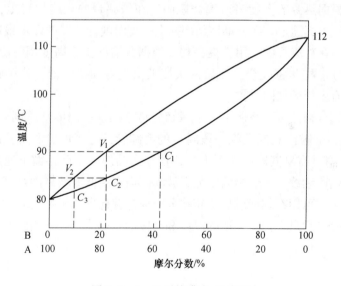

图 3.9　A、B 系统沸点-组成图

3.4.2　分流装置

分馏装置和蒸馏装置的区别只在于分馏多了一个分馏柱。实验室常见的简单分馏柱见图 3.10。分馏柱效率的高低与柱的长径比、填充物的种类、分馏柱的绝热性能以及蒸馏连接等因素有关。

简单分馏装置见图 3.11。

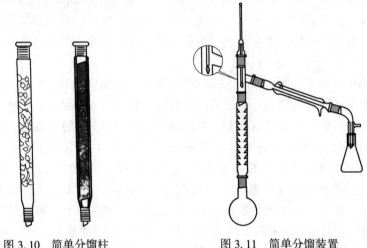

图 3.10　简单分馏柱　　　　图 3.11　简单分馏装置

安装：根据热源的高度将蒸馏烧瓶固定在铁架台的相应位置上，装上分馏柱，用铁夹在中部固定。在分馏柱顶部插上一支温度计，温度计水银球位置与蒸馏装置相同。在冷凝管中央用铁夹夹住，根据分馏柱支管高度调整冷凝管位置，使冷凝管和分馏柱紧密配合，然后依次接上接液管和接收器。若接收瓶位置较高，可用垫有木板的铁圈支撑。

操作：把分馏液倒入烧瓶中（注意切勿将干燥剂、固体杂质倒入），然后在液体中放入 1~2 粒沸石或几根一段封口的毛细管，控制加热温度，使馏出速度为每秒 2~3 滴。馏出液馏出速度太快，往往产品纯度下降；馏出速度太慢，上升的蒸气会断断续续，使馏出温度上下波动。当室温低或液体沸点高时，为减少柱内热量散失，可用石棉绳或玻璃布将分馏柱包缠起来。根据实验的要求，分段收集馏分，分别称量，记下集取的温度和相应馏分的质量。分馏时也要注意不要蒸干。

实验六　乙醇和水的分馏

一、实验目的

（1）了解蒸馏和分馏的原理。

（2）掌握蒸馏仪器的选择、安装及蒸馏的基本操作。

（3）掌握分馏的基本操作与简单蒸馏进行比较。

二、实验原理

（一）蒸馏

蒸馏（又称简单蒸馏）是分离和提纯液态有机化合物的最常用的重要方法之一。应用这一方法，不仅可以把挥发性物质与不挥发性物质分离，还可以把沸点不同的物质以及有色的杂质分离。

在通常情况下，纯粹的液态物质在大气压下有一定的沸点，如果在蒸馏过程中，沸点发生变动，那就说明物质不纯。因此可借蒸馏的方法来测定物质的沸点和定性的检验物质的纯度。某些有机化合物往往能和其他组分形成二元或三元恒沸混合物，它们也有一定的沸点。因此，不能认为沸点一定的物质都是纯物质，如乙醇与水可形成二元恒沸物，沸点为 351.28 K，乙醇浓度约为 95.57%。

（二）分馏

液态混合物中的各组分，若其沸点相差很大，可用普通蒸馏法分离开；若其沸点相差不太大，则用普通蒸馏方法就难以精细分离，而应用分馏的方法分离。

如果将两种挥发性液体的混合物进行蒸馏，在沸腾温度下，其气相与液相达到平衡，蒸气中则含有较多量的易挥发物质的组分。将此蒸气冷凝成液态，其成分与气相组成相同，即含有较多的易挥发性物质的组成，而残留物中含有较多的高沸点组分，这就是进行了一次简单的蒸馏。如此反复蒸馏，最后可得到接近纯组分的两种液体，但这种蒸馏既浪费时间，又浪费能源，所以通常利用分馏来进行分离。

利用分馏柱进行分馏，实际上就是在分馏柱内使混合物进行多次汽化和冷凝。当上升的蒸气与下降的冷凝液互相接触时，上升的蒸气部分冷凝放出热量，使下降的冷凝液中高沸点组分增加，如果继续多次，就等于进行了多次的气液平衡，即达到了多次蒸馏的效果。这样靠近分馏柱顶部易挥发物质的组分的比率高，而在烧瓶里高沸点组分的比例高。

为提高分馏效率，在柱身装保温套，保证柱身温度与待分馏的物质的沸点相近，以利于建立平衡。

三、仪器与试剂

（一）主要仪器

圆底烧瓶、温度计、蒸馏头、分馏柱、直形冷凝管、接引管、锥形瓶、铁架台、酒精灯。

（二）主要试剂

无水乙醇、纯水。

四、实验步骤

（一）无水乙醇的蒸馏

在 100 mL 圆底烧瓶中，加入两粒沸石，用量筒取 40 mL 无水乙醇经玻璃漏斗从蒸馏头上口倒入烧杯，插入温度计，通入冷凝水，用酒精灯加热，注意观察蒸馏瓶中的现象和温度计读数的变化。当液体开始沸腾时，仔细控制水浴温度，使馏出液滴的速度控制为每秒 1～2 滴。记下第一滴液体滴入锥形瓶时的温度，分别收集 60 ℃ 以下、70～75 ℃、75～79 ℃ 和 79 ℃ 以上的馏分，并记录相应区间馏出液体积。

蒸馏结束时，勿将烧瓶中液体蒸干（一般需留 0.5～1 mL）以防烧瓶干烧破裂。量出所收集的各馏分体积。

（二）乙醇-水混合物的分馏

100 mL 的圆底烧瓶中加入无水乙醇和水各 20 mL，并加入 1～2 粒沸石，安装上刺形分馏柱，在分馏柱上口插入温度计，使温度计水银球上端与分馏柱侧管底边在同一水平线上，依次装上直形冷凝管，接引管，取三只洁净的 50 mL 锥形瓶做接收器，并分别贴上 1 号、2 号、3 号标签。

打开冷凝水，用酒精灯加热，当液体开始沸腾后，即见到一圈圈气液沿分馏柱慢慢上升，待其停止上升后，调节热源，提升温度。调节并控制好温度，使蒸气缓慢上升以保持分馏柱内有一个均匀的温度梯度，并控制馏出液的速度为每秒 2～3 滴。

开始蒸出的馏分中含有低沸点的组分（乙醇）较多，而高沸点组分（水）较少，随着低沸点组分的蒸出，混合液中高沸点组分含量逐渐升高。记录低于 80 ℃、80～85 ℃、85～90 ℃ 时馏出液体积，温度到 95 ℃ 时停止蒸馏，冷却几分钟，使分馏柱内的液体回流至烧瓶，卸下烧瓶，再记录下体积。

【注意事项】

（1）本实验蒸出的酒精并非纯物质，而是酒精和水的共沸物，若要得到无水乙醇，须采用其他方法除去共沸物中的水。

（2）常压下的蒸馏装置必须与大气相通。

（3）使用明火加热时，在同一实验桌上装有几套蒸馏装置且相互的距离较近时，每两套装置的相对位置必须或是蒸馏瓶对蒸馏瓶，或是接收器对接收器，避免着火的危险。

（4）当蒸馏出的位置受潮分解，可在接收器上链接上一个 $CaCl_2$ 干燥管，以防止湿气的侵入；如果蒸馏时有害气体放出时，则需装配气体吸收装置。

（5）当蒸馏沸点高于 140 ℃ 的物质时，应更换空气冷凝管。

（6）温度计的安装位置是红色敏感部分与具支口的下端持平，温度不应上升太快。

五、思考题

（1）是否所有具有固定沸点的物质都是纯物质？为什么？

（2）什么叫沸点？液体沸点与大气压有什么关系？

（3）蒸馏前忘记加沸石，发现时能否立即加入近沸腾的液体中？用过的沸石能否再用？

（4）温度计水银球的上部为什么要与蒸馏头侧管的下限在同一水平上，过高或过低会造成什么结果？

3.5 减 压 蒸 馏

3.5.1 减压蒸馏原理

液体的沸点与外界压力有关，外界压力越小，沸点越低。对于在常压下沸点较高或加热容易分解、氧化、聚合等反应的热敏性有机化合物应采用减压蒸馏（也称真空蒸馏）进行分离提纯。

3.5.2 减压蒸馏装置

减压蒸馏装置由蒸馏、抽气（减压）、保护装置及测压装置四部分组成，如图 3.12 所示。按照从下到上、从左到右的顺序安装。安装完毕，务必检查装置的气密性。具体操作见 3.5.3 节中附注。

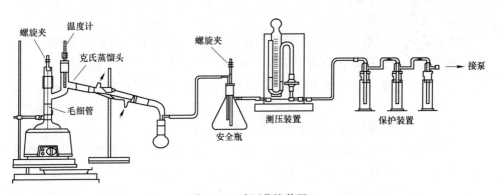

图 3.12 减压蒸馏装置

3.5.3 操作方法

量取 20 mL 待蒸馏溶液于 50 mL 圆底烧瓶中。首先打开泵，然后旋紧安全瓶上的螺旋夹，调整毛细管上的螺旋夹，使产生一连串小气泡，待压力稳定后，开始加热，加热不要太快，蒸馏速度控制在每秒 1~2 滴。若要收集不同馏分而又不中断蒸馏，则可采用三叉燕尾管，当前馏分蒸完后换另一容器接收所需馏分。

馏分蒸完后，先停止加热，撤走热源。待稍冷后，慢慢旋开毛细管上的螺旋夹，慢慢打开安全瓶上的螺旋夹，使压力计（表）恢复到零的位置。关泵，拆卸装置，量取体积。

【注意事项】

（1）减压蒸馏时各种吸收塔分别吸收什么物质？

（2）减压蒸馏中毛细管的作用是什么？能否用沸石代替毛细管？

（3）减压蒸馏时，应先见到一定压力，再进行加热；还是先加热到一定温度，再抽气减压？

【附注】

（1）压力对沸点的影响。

压力对沸点的影响可以作如下估算：

1）当大气压降到 3332 Pa（25 mmHg）时，高沸点（250~300 ℃）化合物的沸点随之下降 100~125 ℃。

2）当压力在 3332 Pa（25 mmHg）以下时，压力每降低一半，沸点下降10 ℃。

对于具体某个化合物，减压到一定程度后的沸点可以查阅相关资料，但更重要的是通过实验来确定。

（2）仪器的安装。

蒸馏部分：由圆底烧瓶、克氏蒸馏头、温度计、毛细管、直形冷凝器、真空接收管（若要收集不同馏分而又不中断蒸馏，则可以采用三叉燕尾管）以及接收瓶等组成。毛细管的作用是使沸腾均匀稳定，其长度恰好使其下端距离瓶底1~2 mm。

抽气部分：实验室通常用油泵或水泵进行减压。

保护部分：当用油泵进行减压时，为了防止易挥发的有机溶剂、酸性物质和水汽进入油泵，必须在接收瓶与油泵之间顺次安装多个吸收塔（通常设两个，前一个装无水氯化钙或硅胶，后一个装粒状氢氧化钠。有时为了吸除有机溶剂，可再加一个石蜡片吸收塔。最后一个吸收塔与油泵相接）。

（3）气密性检查。

仪器装好后，应空试系统是否密封。具体方法如下：

泵打开后，将安全瓶上的放空阀关闭，拧紧毛细管上的螺旋夹，待压力稳定后，观察压力计（表）上的读数是否到了最小或是否达到所要求的真空度。如果没有，说明系统内漏气，应进行检查。

检查时，首先将真空接收管与安全瓶连接处的橡胶管折起来用手捏紧，观察压力计（表）的变化，如果压力马上下降，说明装置内有漏气点，应进一步检查装置，排除漏气点；如果压力不变，说明自安全瓶以后的系统漏气，应依次检查安全瓶和泵，并加以排除，或请指导教师排除。

漏气点排除后，应再重新空试，直至压力稳定并且达到所要求的真空度时，方可进行下面的操作。

实验七　减压蒸馏提纯呋喃甲醛

一、实验目的

（1）学习减压蒸馏的原理。

（2）掌握减压蒸馏的实验操作。

二、实验原理

呋喃甲醛，又称糠醛，无色液体，沸点为 161.7 ℃，久置会被缓慢氧化而变为棕褐色甚至黑色，同时往往含有水分，所以在使用前常需蒸馏纯化。由于它易被氧化，最好采用减压蒸馏以便在较低温度下蒸出。但若蒸出温度太低，其蒸气不易冷凝液化，所以需选择一合适的馏出温度。通常把蒸馏温度选择在 55～80 ℃之间，不仅水浴加热方便，而且冷凝液化容易。用直尺可以求出呋喃甲醛的减压沸点为 55～80 ℃时所需的真空度为 17～60 mmHg（2.27～8.0 kPa）。新蒸的呋喃甲醛为无色或淡黄色液体。

三、仪器与试剂

（一）主要仪器

蒸馏管、温度计、双尾接液管、圆底烧瓶、毛细管、水浴锅。

（二）主要试剂

呋喃甲醛。

四、实验步骤

选用 100 mL 蒸馏瓶、150 ℃温度计、双尾接液管，用 25 mL 和 50 mL 圆底烧瓶分别作前馏分和主馏分的接收瓶，以水浴为热浴，按照图 3.12 所示安装装置。为使系统秘密性好，磨口仪器的所有接口部分必须用真空脂润涂好，检查仪器不漏气后，小心地将克氏蒸馏头上口的橡皮塞连同毛细管一起轻轻拔下（主要不要碰断毛细管），通过漏斗加入待蒸呋喃甲醛 40 mL，然后重新装好毛细管。

打开毛细管上螺旋夹和安全瓶上活塞，开启油泵，再缓缓关闭安全瓶上活塞，调节毛细管导入的空气量，以有成串的小气泡逸出为宜。当系统压力稳定后根据压力计的读数，用直尺在图中求出该压力下的近似沸点。开启冷凝水，水浴加热，缓缓升温蒸馏。当开始有液体馏出时，用 25 mL 圆底烧瓶接收前馏分。待沸点稳定时，旋转双尾接液管用 50 mL 圆底烧瓶接收主馏分。蒸馏时馏出速率保持每秒 1~2 滴。减压蒸馏完毕，移去热源，待蒸馏瓶稍冷后，打开毛细管上螺旋夹，再缓缓开启安全瓶上的活塞，平衡内外压力，然后关闭抽气泵。小心取下接收瓶，再按照与安装时相反的顺序依次拆除各件仪器，清洗干净。量取体积，计算呋喃甲醛的回收率。

【注意事项】

（1）当被蒸馏物中含有低沸点的物质时，必须先用水泵减压蒸去低沸点物质，才可再用油泵减压蒸馏。

（2）如果刚开始的馏出液的温度即在预期沸点附近且很稳定，也应将最初接收的 1~2 滴液体作为前馏分。

（3）解除真空后，大量空气进入蒸馏系统，若瓶内温度太高，残留物遇到空气中的氧，可能被氧化分解，甚至发生意外，因此必须待蒸馏瓶内温度降低后，才能解除真空。

五、思考题

（1）简述减压蒸馏原理、所需仪器设备及安装注意事项。

（2）在减压蒸馏系统中为什么要有吸收装置？

（3）为何在减压蒸馏时要用毛细管而不用沸石作为汽化中心？如果毛细管堵塞不通，减压蒸馏时会发生什么问题？如何处理？

（4）减压蒸馏完所要的化合物后，应如何停止减压蒸馏？为什么？

3.6　水蒸气蒸馏

3.6.1　水蒸气蒸馏原理

当对一个互不混溶的挥发性混合物（非均相共沸混合物）进行蒸馏时，在一定温度下，每种液体将显示其各自的蒸气压，而不被另一种液体影响，它们各自的分压只与各自纯物质的饱和蒸气压有关，即 $p_a = p_a^0$，$p_b = p_b^0$，而与各组分的摩尔分数无关，其总压为各分压之和，即

$$p_{总} = p_a + p_b = p_a^0 + p_b^0$$

式中，p_a 为 a 物质的分压；p_a^0 为 a 物质的纯物质的饱和蒸气压；p_b 为 b 物质的分压；p_b^0 为 b 物质的纯物质的饱和蒸气压。

由此可以看出，混合物的沸点要比其中任何单一组分的沸点都低。在常压下，用水蒸气（或水）作为其中一相，能在低于 100℃ 的情况下将高沸点的组分与水一起蒸出来。综上所述，一个由不混溶液体组成的混合物将在比它的任何单一组分（作为纯化合物时）的沸点都要低的温度下沸腾，用水蒸气（或水）充当这种不混溶相之一所进行的蒸馏操作称为水蒸气蒸馏。

水蒸气蒸馏是纯化分离有机化合物的重要方法之一。此方法常用于以下几种情况：

（1）混合物中含有大量树脂状杂质或不挥发杂质，用蒸馏、萃取等方法难以分离；

（2）在常压下普通蒸馏会发生分解的高沸点有机物；

（3）脱附混合物中被固体吸附的液体有机物；

（4）除去易挥发的有机物。

运用水蒸气蒸馏时，被提纯物质应具备以下条件：

（1）不溶或难溶于水；

（2）在沸腾下不与水发生反应；

（3）在 100 ℃ 左右时，必须具有一定的蒸气压（一般不少于 1.333 kPa）。

【馏出液组成的计算】

水蒸气蒸馏时，馏出液两组分的组成由被蒸馏化合物的相对分子质量以及在此温度下两者相应的饱和蒸气压来决定。假如它们是理想气体，则

$$pV = nRT = \frac{m}{M}RT$$

式中　p——蒸气压；

　　　V——气体体积；

　　　m——气相下该组分的质量；

　　　M——纯组分的相对分子质量；

　　　R——气体常数；

　　　T——热力学温度，K。

气相中两组分的理想气体方程分别表示为

$$p_{水}^0 V_{水} = \frac{m_{水}}{M_{水}} RT$$

$$p_B^0 V_B = \frac{m_B}{M_B} RT$$

将两式相比得到式：

$$\frac{p_B^0 V_B}{p_{水}^0 \; V_{水}} = \frac{m_B M_{水} RT}{m_{水} M_B RT}$$

在水蒸气蒸馏条件下，$V_{水} = V_B$ 且温度相等，故式 $p_{水}^0 V_{水} = \dfrac{m_{水}}{M_{水}} RT$ 可改写为

$$\frac{m_B}{m_{水}} = \frac{p_B^0 M_B}{M_{水} p_{水}^0}$$

利用混合物蒸气压与温度的关系可查出沸腾温度下水和组分 B 的蒸气压。图 3.13 给出了溴苯、水及溴苯-水混合物的蒸气压与温度的关系。从图 3.13 中可以看出，当混合物沸点为 95 ℃时，水的蒸气压为 85.3 kPa（640 mmHg），溴苯为 16.0 kPa（120 mmHg），代入式 $p_B^0 V_B = \dfrac{m_B}{M_B} RT$ 得到

$$\frac{m_{溴苯}}{m_{水}} = \frac{16 \times 157}{85.3 \times 18} = \frac{2512}{1535.4} = \frac{1.64}{1}$$

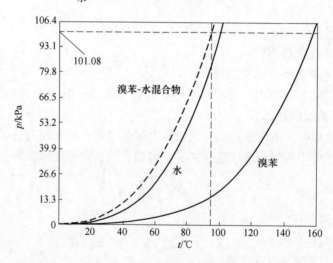

图 3.13　溴苯、水、溴苯-水混合物的蒸气压与温度的关系

此结果说明，虽然在混合物沸点下溴苯的蒸气压低于水的蒸气压，但是由于溴苯的相对分子质量大于水的相对分子质量，因此，在馏出液中溴苯的量比水多，这也是水蒸气蒸馏的一个优点。如果使用过热蒸汽，还可以提高组分在馏出液中的比例。

3.6.2   水蒸气蒸馏装置

水蒸气装置由水蒸气发生器和简单蒸馏装置组成，图3.14给出了实验室常用的水蒸气蒸馏装置。A是电炉，B是水蒸气发生器，通常其盛水量以其体积的2/3为宜。如果太满，沸腾时水将冲至烧杯。C是安全管，管的下端接近于蒸汽发生器的底部。当容器内气压太大时，水可沿着玻管上升，以调节内压。如果系统发生阻塞，水便会从管的上口冲出，此时应检查圆底烧瓶内的蒸汽导管下口是否阻塞。E是蒸馏瓶，通常采用长颈圆底烧瓶。为了防止瓶中液体因飞溅而冲入冷凝管内，故加一克氏蒸馏头，瓶内液体不宜超过容积的1/3。为了使蒸汽不至于在E中冷凝而积聚过多，可在E下加电热包D加热，弹药控制加热速度以使蒸馏出来的馏分能在冷凝管中完全冷凝下来。F是蒸汽导入管。G是T形管下端胶皮管上的螺旋夹，以便及时除去冷凝下来的水滴。接收瓶前面一般加冷却水冷却。

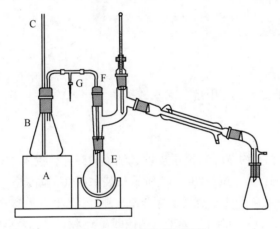

图3.14   水蒸气蒸馏装置

实验八   从橙皮中提取柠檬烯

一、实验目的

（1）学习水蒸气蒸馏的原理及应用。
（2）掌握水蒸气蒸馏的实验操作。

二、实验原理

工业上常用水蒸气蒸馏的方法从植物组织中获取挥发性成分。这些挥发性成分的混合物统称精油，大都具有令人愉快的香味。从柠檬、橙子和柚子等水果的果皮中提取的精油 90% 以上都是柠檬烯，柠檬烯的结构式如下：

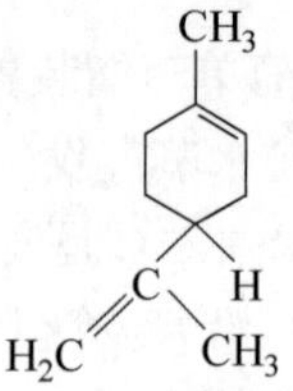

它是一种单环萜，分子中有一个手性中心。其 S-(-)-异构体存在于松针油、薄荷油中；R-(+)-异构体存在于柠檬油、橙皮油中；外消旋体存在于香茅油中。本实验是先用水蒸气蒸馏法把柠檬烯从橙皮中提取出来，再用二氯甲烷萃取，蒸去二氯甲烷以获得精油，然后测定其折射率和旋光度。

三、仪器与试剂

（一）主要仪器
水蒸气发生器、安全管、蒸馏瓶、蒸汽导入管、锥形瓶、冷凝管。
（二）主要试剂
蒸馏水、橙子皮、二氯甲烷、无水硫酸钠。

四、实验操作

（1）将 2~3 个（约 60 g）橙子皮剪成细碎的碎片，投入 250 mL 长颈圆底烧瓶中，加入约 30 mL 水，按照图 3.14 所示安装水蒸气蒸馏装置。

（2）打开螺旋夹，加热水蒸气发生器至水沸腾，T 形管的支管口有大量水蒸气冒出时夹紧螺旋夹，打开冷凝水，水蒸气蒸馏即开始进行，可观察到在馏出液的水面上有一层很薄的油层。当馏出液收集 60~70 mL 时，打开螺旋夹，然后停止加热。

（3）将馏出液加入分液漏斗中，每次用 10 mL 二氯甲烷萃取 3 次，合并萃取液，置于干燥的 50 mL 锥形瓶中，加入适量无水硫酸钠干燥 0.5 h 以上。

（4）将干燥好的溶液滤入 50 mL 蒸馏瓶中，用水浴加热蒸馏。当二氯甲烷基本蒸完后改用水泵减压蒸馏以除去残留的二氯甲烷。最后瓶中留下少量橙色液体即为橙油，主要成分为柠檬烯。测定橙油的折射率和比旋光度。

（5）纯粹的柠檬烯的沸点为 176 ℃，$n_D^{20} = 1.4727$，$[\alpha]_D^{20} = +125.6°$。

【注意事项】
（1）橙皮最好是新鲜的，如果没有，干的也可以，但效果较差。

（2）蒸馏过程中如果发现水从安全管顶端喷出或出现倒吸现象，说明系统内压力过大，应立即打开 T 形管的螺旋夹，停止加热，待排除故障后，方可继续蒸馏。

（3）也可用旋转蒸发仪直接减压蒸馏。

（4）测定比旋光度可将几个人所得柠檬烯合并起来，用95%乙醇配成5%溶液进行测定。

五、思考题

（1）安全管为什么不能抵住水蒸气发生器的底部？

（2）苯甲醛（沸点 178.1℃）进行水蒸气蒸馏时，在 97.9℃沸腾，这时 $p(H_2O) = 93.8$ kPa，$p(苯甲酸) = 7.5$ kPa，请计算馏出液中苯甲醛的含量，结果说明了什么？

（3）水蒸气蒸馏来分离和提纯的化合物应具备哪些条件？

3.7 干　　燥

干燥是常用的除去固体、液体或气体中少量水分或少量有机溶剂的方法，是常用的分离和提纯有机化合物的基本操作之一。在进行有机物定性、定量分析以及物理常数测定时，都必须进行干燥处理才能得到准确的实验结果。液体有机物在蒸馏前也需要干燥，否则沸点前馏分较多，产物损失，甚至沸点也不准。此外，许多有机反应需要在无水条件下进行，溶剂、原料和仪器等均需要干燥。

3.7.1 干燥的方法

根据除水原理，干燥方法可分为物理方法和化学方法两种。

物理方法中有分馏、吸附、晾干、烘干和冷冻等。近年来，还常用离子交换树脂和分子筛等方法来进行干燥。离子交换树脂和分子筛均属多孔性吸水固体，受热后会释放出水分子，可反复使用。

化学方法是利用干燥剂与水分子反应进行除水。根据干燥剂除水作用的不同，可分为两类：一类是与水可逆地结合，生成水合物的干燥剂，如无水氯化钙、无水硫酸镁等；另一类是与水发生不可逆的化学反应，生成新的化合物的干燥剂，如金属钠、五氧化二磷等。目前第一类干燥剂广泛使用。

3.7.2 液体有机化合物的干燥

3.7.2.1 干燥剂的选择

液体有机物的干燥，通常是将干燥剂直接加到被干燥的液体有机化合物中进行干燥。选择合适的干燥剂非常重要。选择干燥剂时应注意以下几点：

（1）干燥剂应与被干燥的液体有机化合物不发生化学反应、配位和催化等作用，也不溶解于要干燥的液体中。例如酸性化合物不能用碱性干燥剂，碱性化合物不能用酸性干燥剂等。

（2）使用干燥剂时要考虑干燥剂的吸水容量和干燥效能。吸水容量指单位质量的干燥剂的吸水量。干燥效能是指达到平衡时液体被干燥的程度。对于形成水合物的无机盐干燥剂，通常用吸水后结晶水的蒸气压来表示干燥剂效能。如硫酸钠形成 10 个结晶水，吸水容量为 1.25，蒸气压为 260 Pa；氯化钙最能形成 6 个水的水合物，其吸水容量为 0.97，蒸气压为 39 Pa（25 ℃）。因此硫酸钠的吸水量较大，但干燥效能弱；而氯化钙吸水容量较小，但干燥效能强。在干燥含水量较大而又不易干燥的化合物时，常先用吸水容量较大的干燥剂除去大部分水分，再用干燥效能较强的干燥剂进行干燥。常用干燥剂的性能与应用范围见表 3.4。

表 3.4　各类有机化合物常用的干燥剂

干燥剂	吸水作用	吸水容量	干燥效能	干燥速率	应用范围	禁用范围
氯化钙	$CaCl_2 \cdot nH_2O$ $n=1,2,4,6$	0.97 （按 n 为 6 计算）	中等	较快	烷烃、烯烃、某些酮、醚及中性气体	醇酚、胺、酰胺及某些醛、酮和酸等
硫酸镁	$MgSO_4 \cdot nH_2O$ $n=1,2,4,5,6,7$	1.05 （按 n 为 7 计算）	较弱	较快	中性，应用范围广泛，可干燥酯、醛、酮腈、酰胺等不能用氯化钙干燥的化合物	
硫酸钠	$NaSO_4 \cdot 10H_2O$	1.25	弱	缓慢	中性，一般用于有机液体的初步干燥	
硫酸钙	$CaSO_4 \cdot 1/2H_2O$	0.06	强	快	中性，常与硫酸钠（镁）配合，做最后干燥	
碳酸钾	$K_2CO_3 \cdot 1/2H_2O$	0.2	较弱	慢	弱碱性，用于干燥醇、酮、酯、胺及杂环等碱性化合物	不能干燥酸、酚等酸性化合物
金属钠	$Na+H_2O \rightarrow NaOH+H_2$		强	快	干燥醛、烃、叔胺中痕量的水分	
氧化钙	$CaO+H_2O \rightarrow Ca(OH)_2$	—	强	较快	干燥中性和碱性气体、胺、低级醇、醚	不能干燥酸类和酯类物质
五氧化二磷	$P_2O_5+H_2O \rightarrow 2H_3PO_4$	—	强	快	干燥中性和酸性气体、烃、卤代烃及腈中痕量水	不能干燥碱性物质、醇、醚、胺和酮等
钠铝硅型和钙铝硅型分子筛	物理吸附	约 0.25	强	快	可干燥各类有机物	

3.7.2.2　干燥剂的用量

掌握好干燥剂的用量非常重要。若用量不足，则达不到干燥的目的；若用量太多，则由于干燥剂的吸附而造成被干燥物的损失。干燥剂最低用量一般可根据水在液体中溶解度和干燥剂的吸水量估算得到。但是由于液体中的水分不同、干燥剂的性能差别、干燥时间、干燥剂颗粒大小以及温度等因素影响，很难规定干燥剂的具体用量。一般情况下，干燥剂的实际用量是大大超过计算量的。

实际操作中，主要是通过现场观察判断。某些有机物干燥前混浊，如果加入干燥剂吸水之后，呈清澈透明状，这时即表明干燥合格；如果干燥剂蓄水变黏，黏在器壁上，应适量补加干燥剂，直到新加的干燥剂不结块，不黏壁，干燥剂棱角分明，摇动时旋转并悬浮（尤其 $MgSO_4$ 等小晶粒干燥剂），表示所加干燥剂用量合适。

一般每 100 mL 样品需加入 0.5~1 g 干燥剂。

（1）干燥时的温度：对于生成水合物的干燥剂，加热虽可加快干燥速率，但远远不如水合物放出水的速率快，因此，干燥通常在室温下进行，蒸馏前应将干燥剂滤出。

（2）操作步骤：

1）首先把被干燥液中的水分尽可能地除净，不应有任何可见的水层或悬浮水珠。

2）把待干燥的液体放入预先干燥过的锥形瓶中，取颗粒大小合适（如无水氯化钙，应为黄豆粒大小并不夹带粉末）的干燥剂放入液体中，用塞子盖住瓶口，轻轻振摇，经常观察，判断干燥剂是否足量，静置半小时，最好过夜。

3）把干燥好的液体倾倒到蒸馏瓶中，然后进行蒸馏。

3.7.3　固体有机化合物的干燥

干燥固体有机化合物，主要是为除去残留在固体中的少量的低沸点溶剂，如水、乙醚、乙醇、丙酮、苯等。由于固体有机化合物挥发性比溶剂小，所以采取蒸发和吸附的方法来达到干燥的目的，常用干燥法如下：

（1）自然干燥。把被干燥固体放在滤纸、表面皿或敞开容器中，并摊开为一薄层，在室温下放置。一般需要过夜或数天才能彻底干燥。此法适用于对空气稳定、不吸潮的有机物。注意防止灰尘落入。

（2）加热干燥。对于熔点较高、遇热不分解、对空气稳定的固体有机化合物，可使用烘箱或红外灯干燥。加热温度应低于固体有机物的熔点（放置温度计），随时翻动，防止结块。

（3）冷冻干燥。待干燥的物质在高真空的容器中冷冻至固体状态，而后升华脱水。多用于热不稳定或易潮解物质的干燥。如生物活性物质的脱水，微生物菌种的保存等通常采用冷冻干燥法。

（4）干燥器干燥。对于易潮解或在高温下干燥会分解、变色的固体有机物，可用干燥器干燥。实验室常见的有普通干燥器和真空干燥器。

干燥器下部装有干燥剂，上面是一块瓷板，以盛放被干燥的样品，磨口处涂有一层很薄的凡士林，使之密封。普通干燥器一般适用于保存潮解物质，干燥时间较长，干燥效率不高。真空干燥器与普通干燥器大体相似，只是顶部装有带活塞的导气管，可接真空泵抽真空，使干燥器内的压力降低，提高干燥效率。

（5）真空干燥箱干燥。对于受热时易分解或易升华的固体有机物，可采用真空干燥箱进行干燥。优点是样品在一定温度和真空度下进行干燥，效率高。

3.7.4　气体的干燥

在有机实验中常用气体有 N_2、O_2、H_2、Cl_2、NH_3、CO_2，有时要求气体中含很少或几乎不含 CO_2、H_2O 等，因此就需要对上述气体进行干燥。

干燥气体常用仪器有干燥管、干燥塔、U 形管、各种洗气瓶（用来盛液体干燥剂）等。干燥气体常用的干燥剂列于表 3.5 中。

表 3.5　用于气体干燥的常用干燥剂

干　燥　剂	可干燥的气体
CaO、碱石灰、NaOH、KOH	NH_3、胺等
无水 $CaCl_2$	H_2、HCl、CO_2、CO、SO_2、N_2、O_2、低级烷烃、醚、烯烃、卤代烃
P_2O_5	H_2、O_2、CO_2、SO_2、N_2、烷烃、烯烃
浓 H_2SO_4	H_2、O_2、CO_2、N_2、HCl、烷烃
分子筛	H_2、CO_2、N_2、H_2S、烯烃

3.8　萃　取

萃取和洗涤都是分离和提纯有机化合物常用的操作方法。萃取是指选用一种溶剂加入某混合物中时，这种溶剂只对混合物中某一物质有极好的相溶性而对其他物质不相溶（也不起化学反应）的提取操作。通常被萃取的是固态或液态的物质。洗涤和萃取在原理上是一样的，只是目的不同，如果从混合溶液中提取的物质是我们所需的，这种操作叫作萃取；如果是我们所不需要的，那么这种操作叫作洗涤。因此本节只叙述萃取的基本原理和操作，洗涤的操作可参照萃取的进行。

3.8.1　萃取原理

萃取是利用物质在两种不互溶（或微溶）的溶剂中溶解度或分配比的不同而达到分离和提纯的一种操作。萃取时，把溶剂分成几小份，多次萃取比用同样量一次性萃取的收效要大。由于有机溶剂或多或少溶于水，所以第一次萃取时溶剂的量要比以后几次多一点。有时，将水溶液用某种盐饱和，使物质在水中的溶解度大大下降，而在溶剂中的溶解度大大增加，促进迅速分层，减少溶剂在水中的损失，称之为盐析效应。

用萃取处理固体混合物时，萃取的效果基本上根据混合物各组分在所选用的溶剂内的不同溶解度、固体的粉碎程度及用新鲜溶剂再处理的时间而确定，从液相内萃取物质的情况，必须考虑到被萃取物质在两种不相溶的溶剂内的溶解程度。

除了利用分配比不同来萃取外，另一类萃取剂的萃取原理是利用它能和被萃取物质起化学反应而进行萃取，这类操作经常应用在有机合成反应中，以除去杂质或分离出有机物。常用的萃取剂有5%氢氧化钠溶液、5%或10%碳酸钠溶液、5%或10%碳酸氢钠溶液、稀盐酸、稀硫酸和浓硫酸等。碱性萃取剂可以从有机相中分离出有机酸或从有机化合物中除去酸性杂质（使酸性杂质生成钠盐溶解于水中）。酸性萃取剂可用于从混合物中萃取有机碱性物质或用于除去碱性杂质。浓硫酸则可用于从饱和烃中除去不饱和烃，从卤代烷中除去醚或醇等。

3.8.2　萃取溶剂的选择

选择作为萃取剂的有机溶剂时要考虑以下几点：（1）既要注意溶剂在水中的溶解度大小，以减少在萃取时的损失，又要考虑对被萃取物质溶解度大；（2）所选溶剂应具有一定的界面张力，使细小的液滴比较容易聚结，且两相间应保持一定的密度差，以利于两相的分层；（3）应具有良好的化学稳定性，不易分解和聚合；（4）一般选择低沸点溶剂，便于回收。此外，溶剂的毒性、易燃易爆性、价格等因素也都应加以考虑。

一般选择萃取剂时，可应用"相似相溶"原理，难溶于水的物质用石油醚做萃取剂，较易溶于水的物质用苯或乙醚做萃取剂，易溶于水的物质用乙酸乙酯或类似的物质做萃取剂。常用的萃取剂有乙醚、苯、四氯化碳、石油醚、氯仿、二氯甲烷、乙酸乙酯等。

3.8.3　操作方法

3.8.3.1　从液体中萃取

（1）准备萃取：实验室中常用的萃取仪器是分液漏斗，萃取时所选择的分液漏斗的容积应为被萃取体积的2倍左右。萃取前先把分液漏斗放在铁架台的铁环上。关闭活塞，取下顶塞，从漏斗的上口将被萃取液体倒入分液漏斗中，然后再加入萃取剂，盖紧顶塞。

（2）振荡萃取：取下分液漏斗以右手手掌（或食指根部）紧顶住漏斗顶塞并抓住漏斗，而漏斗的活塞部放在左右的虎口内并用大拇指和食指握住活塞柄向内使力，中指垫在塞座旁边，无名指和小指在塞座另一边与中指一起夹住漏斗，左手掌悬空。振荡时，将漏斗的出料口稍向上倾斜。开始时要轻轻振荡，振荡后，令漏斗仍保持倾斜状态，打开活塞，放出蒸汽或产生的气体使压力平衡；若在漏斗内盛有易挥发的溶剂，如乙醚、苯等，或用碳酸钠溶液中和酸液，振荡后，更应注意及时打开活塞，放出气体，否则容易发生冲开塞子等事故。如此重复 2~3 次至放气时只有很小压力后再剧烈振摇 1~3 min，然后经分液漏斗放在铁环上。

（3）静置分层：让漏斗中液体静置，使乳浊液分层。静置时间越长，越有利于两相的彻底分离。此时，实验者应注意仔细观察两相的分界线，有的很明显，有的则不易分辨。一定要确认两相的界面后，才能进行下面的操作，否则还需要静置一段时间。

（4）分离：分液漏斗中的液体分成清晰的两层后，就可以进行分离。先把颈上的顶塞打开，把分液漏斗的下端靠在接收器的壁上。实验者的视线应盯住两相的界面，缓缓打开活塞，让液体留下，当液体中的界面接近活塞时，关闭活塞，静置片刻，这时下层液体往往会增多一些。再把下层液体仔细地放出，然后把剩下的上层液体从上口倒入另一个容器里。如在两相间有少量的絮状物时，应把它分到水层中去。

3.8.3.2　从固体混合中萃取

从固体混合物中萃取所需要的物质，常用以下几种方式：

（1）浸泡萃取。将固体混合物研细后放在容器里用溶剂长期静止浸泡萃取，或用外力振荡萃取，然后过滤，从萃取液中分离出萃取物，但这是一种效率不高的方法。

（2）过滤萃取。若被提取的物质特别容易溶解，也可以把研细的固体混合物放在有滤纸的玻璃漏斗中，用溶剂洗涤。如果萃取物质的溶解度很小，用洗涤的方法则要消耗大量的溶剂和很长的时间，这时可用下面的方法萃取。

（3）索氏提取器萃取。用索氏（Soxhlet）提取器来萃取，是一种效率高的萃取方法，图 3.15 为虹吸式萃取装置，如果用漏斗式则萃取效果更好。将滤纸做成与提取器大小相适应的套袋，然后把研细的固体混合物放置在套袋内，上盖以滤纸，装入提取器中。然后开始用合适的热浴加热烧瓶，溶剂的蒸汽从烧瓶进到冷凝管中，冷却后，回流到固体混合物里，溶剂在提取器内达到一定的高度时，就和所提取的物质一同从侧面的洪虹吸管流入烧瓶中。溶剂就这样在仪器内循环流动，把所要提取的物质富集到下面的烧瓶里。一般需要数小时才能完成，提取液经浓缩后，将所得浓缩液进一步处理，可得所需要的提取物。

如果样品量少，可用简单半微量提取器，如图3.16所示，把被提取固体放于折叠滤纸中，操作方便，效果也好。

图3.15　虹吸式萃取装置　　　图3.16　微量萃取装置

【操作指导】

（1）使用分液漏斗前必须检查：1）分液漏斗的顶塞和活塞有没有棉线绑住；2）顶塞和活塞是否紧密。如有漏水现象，应及时按下述方法处理：脱下活塞，用纸或干布擦净活塞及活塞孔道的内壁，然后在活塞两边各抹上一圈凡士林，注意要不要抹在活塞的孔中，然后插上活塞，旋转至透明即可使用。

注意不能把活塞上涂有凡士林的分液漏斗放在烘箱内烘干；分液漏斗使用后，应用水冲洗干净，玻璃塞用薄纸包裹后塞回去。

（2）有时有机溶剂和某些物质的溶液一起振荡，会形成较稳定的乳浊液，没有明显的两相界面，无法从分液漏斗中分离。在这种情况下，应该避免急剧的振荡。如果已形成乳浊液，且一时半刻又不易分层，则可用以下几种方法：

1）加入食盐，使溶液饱和，以降低乳浊液的稳定性；

2）加入几滴醇类溶剂（乙醇、异丙醇、丁醇或辛醇）以破坏乳化；

3）若因溶液碱性而产生乳化，常可加入少量稀硫酸破除乳状液；

4）通过离心机离心或抽滤以破坏乳化；

5）在一般情况下，长时间静置分液漏斗，可达到乳浊液分层的目的。

（3）分离液层时，下层液体应经活塞放出，上层液体应从上口倒出。如果上层液体也经活塞放出，则漏斗活塞下面颈部所附着的残液就会把上层液体污染。

（4）在萃取或洗涤时，从分液漏斗所分出的拟弃的液体可收集在锥形瓶中保留到实验完毕，一旦发现去错液层，尚可及时纠正，否则如果操作发生错误，则无法补救。

实验九　四组分混合物的分离

一、实验目的

（1）学习液-固萃取的基本原理。
（2）掌握用索氏提取器提取天然物质的实验操作。

二、实验原理

液-固萃取是利用固体中被分离组分与杂质在同一溶剂中溶解度不同而达到提取和分离的目的。常用的方法有浸取法和连续提取法。

浸取法是将溶剂加入被萃取的固体物质中，常温浸泡或加热浸泡（具体根据所提物质的稳定性而定），使易溶于萃取剂的物质被提取出来，然后进行分离纯化。当使用有机溶剂作萃取剂时，应采用回流装置。这种方法不需要任何特殊器皿，但是效率不高，且溶剂需要量较大。

连续提取法一般使用索氏提取器，它是利用溶剂回流及虹吸原理重复萃取，因而效率较高。

三、仪器与试剂

（一）主要仪器
索氏提取器。

（二）主要试剂
黄连、95%乙醇、1%乙酸溶液、浓盐酸。

四、实验步骤

（一）原料预处理
萃取前应先将固体物质粉碎，以增加液体浸溶的面积。

（二）装料
取10 g粉碎的黄连于滤纸筒内，上下开口处应扎紧，以防固体漏出。将滤纸筒放入提取器的提取筒内，滤纸筒不宜太紧，以加大液体和固体的接触面积，但是也不能太松，否则不好装入提取筒中。内装物的高度不要超过虹吸管顶部。

（三）安装
如图3.17所示，从上到下安装索氏提取器。

（四）提取
从提取筒上口加入溶剂，当发生虹吸时，液体流入烧瓶中，再补加过量溶剂

（根据提取时间和溶剂的挥发程度而定），一般 30 mL 左右即可。装上冷凝管，通入冷凝水，加入沸石后开始加热。液体沸腾后开始回流，液体在提取筒中蓄积，使固体进入液体中。当液面超过虹吸管顶部时，蓄积的液体回到烧瓶中。重复上述操作 5 次以上。

（五）收尾

提取过程结束后，将仪器拆除。

【注意事项】

（1）黄连较硬，包前一定要粉碎。

（2）黄连一定要用滤纸包好，以防固体漏出后堵塞虹吸管。

（3）提取过程中应注意调节温度，因为随着提取过程的进行，蒸馏瓶内的液体不断减少，而从固体物质中提取出来的溶质较多时，温度过高会使溶质在瓶壁上结垢或炭化。

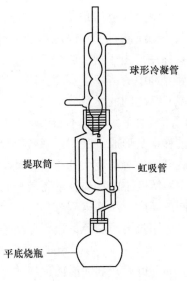

图 3.17　索氏提取器

（4）被提取化合物受热易分解和萃取沸点较高时，不宜使用连续提取的方法。

五、思考题

（1）与浸取法相比，连续提取法有哪些优点？

（2）为什么当被提取化合物受热易分解和萃取剂沸点较高时，不宜使用连续提取法？

3.9　薄层色谱

薄层色谱（thin layer chromatography，TLC）法是把吸附剂或支持剂铺在玻璃板上，将样品点在其上，然后用溶剂展开，使样品中的各个组分相互分离的方法。薄层色谱不仅适用于少量样品（几微克，甚至 0.01 μg）的分离，也适用于较大量样品（多达 500 mg）的精制，特别适用于挥发性较小或在较高温度下易发生变化而不能用气相色谱分析的物质。此外，薄层色谱法还可用来跟踪有机反应及进行柱色谱之前的一种"预试"。

3.9.1　薄层色谱原理

根据组分在固体相中的作用原理不同，薄层色谱分为吸附薄层色谱、分配薄层色谱和离子交换色谱等。这里主要介绍吸附薄层色谱。

吸附薄层色谱是使用最广泛的方法，其原理是在层析（展开）过程中，被分离的物质同时受到固定相吸附剂的吸附和流动相溶剂（展开剂）的溶解（解吸）作用。由于混合物中不同物质与吸附剂之间的吸附能力不同，以及不同物质在展开剂中的溶解度不同，因此，当吸附和解吸达到平衡时，不同物质在吸附剂和展开剂之间的质量分配比不同。随着展开剂向前移动，物质在吸附剂和展开剂之间的暂时平衡又被不断移动上升的展开剂所破坏，使部分溶质解吸并随展开剂向前移动，形成了吸附—解吸—吸附—解吸的交替过程。与吸附剂吸附能力小且在展开剂中溶解度大的物质移动得较快；相反，与吸附剂吸附能力大的，在展开剂中溶解度小的物质移动得较慢。这样不同的物质便由于移动速率的不同而达到不同的高度，从而得到分离。

应用吸附薄层色谱进行分离鉴定的方法是：将被分离鉴定的物质用毛细管点在薄层板的一段，晾干或吹干后置薄层板于盛有展开剂的展开槽内，浸入深度0.5 cm。待展开剂前沿离顶端约1 cm时，将薄层板去除并让其干燥，直至不再含溶剂为止。若原先点在板上的混合物已被分开，在板上会有一排竖直排列的斑点，每一斑点相当于从原混合物中分离开来的组分或化合物。若混合物的组分都是有色物质，则展开后可以清晰地看到各斑点；若组分是无色的，则喷以显色剂，或在紫外灯下显色，使其成为可以看得见的斑点。

一个化合物在薄层板上上升的高度与展开剂上升的高度的比值成为该化合物的比移值 R_f：

$$R_f = \frac{溶质的最高浓度中心至原点中心的距离}{溶剂前沿至原点中心的距离}$$

如图 3.18 所示的展开后的薄层板，则化合物 1 的比移值 $R_{f,1} = a/c$，化合物 2 的比移值 $R_{f,2} = b/c$。

影响 R_f 的因素很多，如薄层的厚度、吸附剂、展开剂、温度等。但是在固定条件下，某化合物的比移值是一常数。因此在完全相同情况下，可以作为鉴定和检出该化合物的指标。为了得到相同的色谱条件，通常把未知样和标准样同时点在同一薄层板上，进行比较。

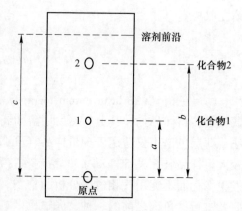

图 3.18　薄层板展开后示意图

通常最理想的 R_f 在 0.4~0.5 之间，良好的分离 R_f 在 0.15~0.75 之间，如果 R_f 小于 0.15 或大于 0.75，则分离效果不好，就要调换展开剂重新展开。

（1）吸附剂。吸附薄层色谱常用的吸附剂为硅胶和氧化铝。为了增加薄层的强度，一般常加入一定的黏合剂，如石膏、羧甲基纤维素钠、淀粉、聚乙烯醇等。通常薄层板按是否加黏合剂分为两种，加黏合剂的薄层板称为硬板，不加黏合剂的薄层板称为软板。

硅胶是无定型多孔物质，略具酸性，适用于酸性和中性物质的分离分析。商品薄层色谱用的硅胶分为："硅胶 H"——不含黏合剂和其他添加剂的色谱分离用硅胶；"硅胶 G"——含煅石膏作黏合剂的色谱分离用硅胶；"硅胶 HF254"——含荧光物质的色谱分离用硅胶；"硅胶 G254"——含煅石膏、荧光物质的色谱分离用硅胶，可在波长 254 nm 紫外光下观察荧光。

氧化铝在薄层色谱中的应用范围仅次于硅胶吸附剂。氧化铝是由氢氧化铝于 400~500 ℃灼烧而成的，因制备方法和处理方法的差别，氧化铝有弱碱性（pH= 9~10）、酸性（pH=4~5）及中性（pH=7~7.5）之分，因此其使用范围也有所不同。弱碱性氧化铝适于分离中性或碱性化合物，中性氧化铝适用于酸性或对碱不稳定的化合物的分离，酸性氧化铝适用于酸性化合物的分离。与硅胶一样，商品的氧化铝也因含黏合剂或荧光剂而分为氧化铝 G（含石膏 9%~10%）、氧化铝 H（不含黏合剂）、氧化铝 HF254（含荧光物质，可于波长 254 nm 紫外光下观察荧光）及氧化铝 GF254（既含煅石膏又含荧光剂）。

吸附剂分为极性吸附剂和非极性吸附剂，氧化铝、硅胶属极性吸附，且氧化铝的极性比硅胶大，适用于分离极性小的化合物（烃、醚、醛、酮、卤代烃等），因为极性化合物被氧化铝强烈地吸附，不易被解吸下来，R_f 很小。相反，硅胶适用于分离极性较大的化合物（羧酸、醇、胺等），因为极性化合物在硅胶板上吸附较弱，R_f 很大。

极性吸附剂的活性与其含水量有关，含水量越低，活性越高。吸附剂的活性与含水量的关系见表 3.6。氧化铝由于 Ⅰ 级的吸附作用太强，Ⅴ 级的吸附作用太弱，一般采用Ⅱ、Ⅲ级。

表 3.6 吸附剂的活性与含水量的关系

活性等级	I	II	III	IV	V
Al_2O_3 含水量/%	0	3	6	10	15
硅胶含水量/%	0	5	15	20	25

（2）展开剂。薄层色谱的流动相也称作展开剂。展开剂的选择直接关系到能否获得满意的分离效果，是薄层色谱法的关键所在。

薄层色谱展开剂的选择，主要是根据样品的极性、溶解度和吸附剂的活性等因素来考虑。一般的原则是，被分离物质和展开剂之间的极性关系应符合"相似相溶原理"，即被分离物质的极性较小，展开剂的极性也就较小；被分离物质的极性较大，展开剂的极性也就较大。各种溶剂极性按如下顺序递增：

己烷和石油醚<环己烷<四氯化碳<三氯乙烯<二硫化碳<甲苯<苯<二氯甲烷<三氯甲烷<乙醚<丙酮<丙醇<乙醇<甲醇<水<吡啶<乙酸

选择展开剂时除参照所列溶剂极性来选择外，更多地采用在一块薄层板上进行实验的方法：

1）若所选展开剂使混合物中所有的组分点都移到了溶剂前沿，此溶剂的极性过强；

2）若所选展开剂几乎不能使混合物中的组分点移动，留在了原点上，此溶剂的极性过弱。

当一种溶剂不能很好地展开各组分时，常选择用混合溶剂作为展开剂。先用一种极性较小的溶剂为基础溶剂展开混合物，若展开不好，用极性较大的溶剂与前一溶剂混合，调整极性，再次试验，直到选出合适的展开剂组合。合适的混合展开剂常需多次仔细选择才能确定。

3.9.2　操作方法

薄层色谱法的整个过程一般包括制备薄层板、薄层板活化、点样、展开、显色等步骤。

3.9.2.1　制备薄层板

薄层板制备得好不好直接影响色谱的结果。薄层应尽量均匀且厚度（0.25～1 mm）要固定，否则在展开时溶剂前沿不齐，色谱结果也不易重复。

根据制法的不同，可将薄层板分为普通薄层板和特殊薄层板，普通薄层板的制备有干法和湿法两种。干法制板一般用氧化铝作为吸附剂，涂层时不加水，一般不常使用。这里主要介绍湿法制板。

湿法制板是将吸附剂（硅胶、氧化铝等）用黏合剂的溶剂制成糊状后均匀地涂布在薄板（常用玻璃板）上。在薄层色谱中，用这种方法制板最多。普通湿法制板按操作过程不同分为平铺法、倾注法和浸渍法。

（1）平铺法。用商品或自制的薄层涂布器进行制板，如图3.19所示，一般在大量铺板和铺较大板时用此法。如无涂布器，可将调好的吸附剂平铺在玻璃板上，也可以得到厚度均匀的薄层板。

（2）倾注法。将吸附剂调成糊状，趁浆料有黏稠感，但无凝滞现象前倒在玻璃板上，先轻轻左右摇动，再上下摇动，并轻轻敲打均匀后，放在水平平台上自然干燥即制成。

（3）浸渍法。把两块干净玻璃片背靠背贴紧，进入调制好的吸附剂中，去除后分开、晾干。

普通制板法制成的薄层板往往由于黏合剂的黏合力小，易碰掉薄层，增加黏

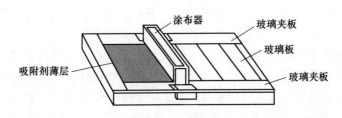

图 3.19　薄层涂布器

合剂又会限制使用范围，而且一块薄层板使用一次就得作废。为此，用特殊制板法制成能长久使用的烧结薄层板、金属薄层板、聚酯膜薄层板等，有时针对不同用途在吸附剂中还可以添加荧光物质、还原物质锌粉等，制成特殊薄层板。

3.9.2.2　薄层板活化

活化指用加热的方法除去吸附剂所含的水分，提高其吸附活性的过程。通常将晾干的薄层板置于烘箱中加热活化，活化条件根据需要而定。硅胶板一般在烘箱中慢慢升温，维持 105~110 ℃活化 30 min。Al_2O_3 板在 150~160 ℃活化 4 h，可得活性Ⅲ~Ⅳ级的薄板；在 200~220 ℃活化 4 h，可得活性Ⅱ级的薄板。活化后的薄板应保存在干燥器中备用。

3.9.2.3　点样

点样方式、点样量及点样设备的选择取决于分析的目的、样品溶液的浓度及被测物质的检出灵敏度。大多数情况下，是把样品溶于挥发性高、沸点低的有机溶剂里制成溶液再点样。

（1）点状点样。在距薄层板的一端 1~1.5 cm 处画一条线作为起点线。用毛细管吸取样品溶液，垂直地轻轻接触到起点线上，点样斑点直径越小越好，一般不超过 2 mm，如图 3.20 所示。因溶液太稀（一般点样的浓度在 0.1%~1% 之间），一次点样往往不够，如需重复点样，则应待前次点样的溶剂挥发后再在原处点第二次，

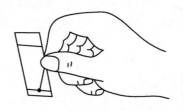

图 3.20　毛细管点样

以防样点过大，造成拖尾、扩散等现象，影响分离效果。一块薄层板可以点多个样，但点样点之间的距离以 1~1.5 cm 为宜。

（2）带状点样。当样品溶液体积较大（1~90 μL），需要进行定量点样时，可以借助特定的点样设备（如 CAMAG Linomat Ⅳ型自动点样设备）将样品点成带状。带状点样展开后的斑点不仅分辨率明显高于点状点样，而且精密准确，为定量分离提供最佳条件。

3.9.2.4　展开

展开剂带动样点在薄层板上移动的过程称为展开。展开过程是在充满展开剂

蒸气的密闭容器（又称色谱缸或层析缸）中进行的。除了专用的色谱缸之外，常见的标本玻璃钢、广口瓶、大量筒等也可作为其代替品。

先将配好的展开剂倒入色谱缸内，为使缸内展开剂蒸汽快速饱和，可在缸壁贴一块用展开剂浸透了的滤纸，加盖饱和 10 min 左右后，将点好样的薄层板倾斜放入色谱缸中进行展开，薄层板底边插入展开剂，但切勿使点样点浸入展开剂中，如图 3.21 所示。当展开剂上升到距离薄层板顶端 1~1.5 cm 处时，取出薄层板，立即用铅笔画出展开剂前沿的位置，展开剂挥发后即可显色。

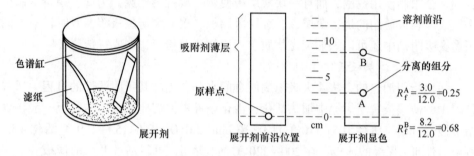

图 3.21　薄层色谱展开

薄层层析中展开方法大体可分为普通展开法和多重展开法。

（1）普通展开法。

1）上升法。将点样后的薄层板垂直于盛有展开剂的容器中，这种展开方式适用于含黏合剂的硬板。

2）倾斜上行法。使薄层板与展开剂平面呈一定的角度，无黏合剂的软板，倾斜角度为 15°，含有黏合剂的薄层板可以切斜 45°~60°，如图 3.22 所示。

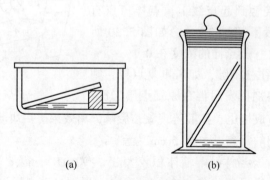

图 3.22　倾斜上行法展开
(a) 长方形盒式色谱缸；(b) 广口瓶式色谱缸

3）下降法。展开剂放在圆底烧瓶中，用滤纸或纱布等将展开剂吸到薄层板的上端，使展开剂沿板下行，如图 3.23 所示，这种连续展开的方法适用于 R_f 小的化合物。

（2）多重展开法。当一次展开后化合物得不到很好的分离时，可以采用多重展开的方法进行展开，多重展开主要分为以下两种类型：

1）递次上行法。第一次展开剂到达前沿后，取出板，让展开剂挥发干，再在同一方向用同一种或换成另外一种展开剂展开，如此反复多次，可达到较好的分离效果，适用于不易分离化合物的分离。

2）双向展开法。使用方形玻璃板铺制薄层，样品点在角上，先向一个方向展开，取出薄层

图 3.23　下降法展开
1—溶剂；2—滤纸条；3—薄层板

板，挥去展开剂，然后转动90°角的位置，再换另一种展开剂展开。这样，成分复杂的混合物可以得到较好的分离效果。这种方法常用于成分较多、性质比较接近的难分离物质的分离。

3.9.2.5　显色

若薄层所分离的化合物是有色的，展开后待溶剂挥发后可以直接进行定位。若化合物是不呈颜色的，则必须使用能使被分离物质变得可见的某种试剂或某种方法。能使斑点显色的试剂称为显色试剂，能使斑点变成明显可见的各种检查方法称为显色方法。

（1）紫外光显色法。如果被分离的样品本身是荧光物质，可以在紫外灯下观察到荧光物质的亮点。如果样品本身不发光，可以在制板时，在吸附剂中加入适量的荧光剂或在制好的板上喷上荧光剂（经常使用的是硫化锌和硫化镉的混合物），支撑荧光薄层色谱板。荧光板经展开后取出，标记好展开剂的前沿，待溶剂挥发干净后，放在紫外灯下观察，有机化合物在亮的荧光背景上呈暗红色斑点。标记出斑点的形状和位置，计算此移值。紫外光显色法不仅使用方便，而且被检出物质不被破坏，因此是常用的检出方法。

（2）显色剂显色法。既无色又无紫外吸收的物质，可采用显色剂显色法。

1）蒸气显色。最常用的蒸气显色剂是碘。碘能与许多有机物（烷烃和卤代烃除外）反应形成棕色或黄色的配合物。这种显示方法是将几粒碘置于密闭容器中，待容器充满碘的蒸气后，将已展开干燥过的薄层板放入，碘与展开后的有机化合物可逆地结合，斑点即开始出现。当斑点的颜色足够深时，将薄层板从容器中取出，应立即标记出斑点的形状和位置（因为薄层板放在空气中，由于碘挥发，棕色斑点在短时间内即会消失），计算此移值。

其他常用的蒸气显色剂还有液体溴和浓氨水。

2）喷雾显色。将显色剂配成一定浓度的溶液，用喷雾器待在薄层板上，喷

雾器与薄层板之间的距离最好为 2~3 cm，不能太近，这样才能使微细雾点均匀喷洒在薄层板上。

常用的显色剂有硫酸、硝酸、高锰酸钾-硫酸、重铬酸钾-硫酸、硝酸银、三氯化铁等，有些无色化合物还可通过将其制成有色衍生物后再点到板上。如可将醛或酮制成 2,4-二硝基苯腙，使其成为黄色或橙色化合物，也可待醛或酮在薄层板上经过分离后再喷上 2,4-二硝基苯肼试剂。

显色剂种类很多，可以根据具体情况选择合适的显色剂。以上这些显色方法在纸色谱中同样适用。

实验十　邻硝基苯酚和对硝基苯酚的分离

取 5 g 硅胶 G 与 13 mL 0.5%羧甲基纤维素钠水溶液，用上述方法制备好薄层板。取两块薄层板，在一块板上分别点 1%邻硝基苯酚的二氯甲烷溶液和混合液，在另一块板上分别点 1%对硝基苯酚的二氯甲烷溶液和混合液。用 5 mL 二氯甲烷展开。当展开剂上升到距离板的上端约 1 cm 时取出，用铅笔立即记下展开剂前沿的位置。晾干后观察黄色斑点的位置。计算并比较 R_f 值的大小。

3.10　柱　色　谱

柱色谱（column chromatograghy）常用的有吸附柱色谱和分配柱色谱两类，前者常用氧化铝和硅胶做固定相，后者这一附着在惰性固体（如硅藻土、纤维素等）上的活性液体作为固定相（也称固定液）。实验室中最常用的是吸附色谱，因此这里重点介绍吸附色谱。

柱色谱是分离、提纯复杂有机化合物的重要方法。尽管此方法比较费时，但由于操作方便，分离量可以大至几克，小至几十毫克，仍显示其强大的使用价值。

3.10.1　柱色谱原理

柱色谱是通过色谱柱来实现分离的，图 3.24 所示为一般色谱柱装置。在色谱柱内装有固体吸附剂（固定相）如氧化铝或硅胶。液体样品从柱顶加入，当样品流经吸附剂时，各组分同时被吸附在柱的上端，从而达到分离的目的。吸附强的组分移动得慢，留在柱的上端，吸附弱的组分移动得快，在柱的下端，从而达到分离的目的。若是有色物质，则柱上可以直接看到色带，如图 3.25 所示。继续用洗脱剂洗脱时，吸附能力最弱的组分随洗脱剂首先流出，吸附能力强的后流出，分别收集各组分，再逐个鉴定。若是无色物质，可用紫外光照射，有些物质呈现荧光，可作检查，或在洗脱时，分段收集一定体积的洗脱液，然后通过薄层色谱逐个鉴定，再将相同组分的收集液合并在一起，蒸除溶剂，即得到单一的纯净物质。

色谱法能获得满意的分离效果，关键在于色谱条件的选择，下面介绍柱色谱条件的选择。

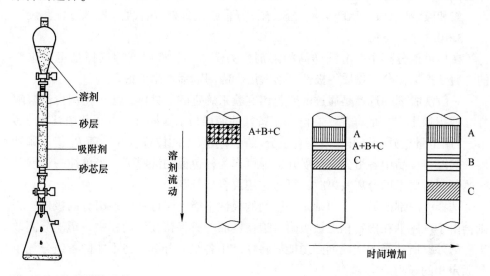

图 3.24　柱色谱装置　　　　　　图 3.25　色层的展开

3.10.1.1　吸附剂

常用的吸附剂有氧化铝、硅胶、氧化镁、碳酸钙和活性炭等。选择吸附剂的首要条件是与被吸附物及展开剂均无化学作用。吸附能力与颗粒大小有关，颗粒太粗，流速快，分离效果不好，太细则流速慢，通常使用的吸附剂的颗粒大小以 100~150 目（0.147~0.104 mm）为宜。色谱用的氧化铝可分为酸性、中性和碱性三种。酸性氧化铝是用 1% 盐酸浸泡后，用蒸馏水洗至悬浮液 pH 值为 4~4.5，用于分离酸性物质；中性氧化铝 pH 值为 7.5，用于分离中性物质，应用最广；碱性氧化铝 pH 值为 9~10，用于分离生物碱、胺、碳氢化合物等。市售的硅胶略带酸性。

吸附剂的活性与其含水量有关，含水量越高，活性越低，吸附剂的吸附能力越弱；反之则吸附能力越强。吸附剂的含水量和活性等级关系见表 3.7。

表 3.7　吸附剂的含水量和活性等级关系

活性等级	I	Ⅱ	Ⅲ	Ⅳ	Ⅴ
氧化铝含水量/%	0	3	6	10	15
硅胶含水量/%	0	5	15	25	38

一般常用的是Ⅱ级和Ⅲ级吸附剂。Ⅰ级吸附性太强，且易吸水；Ⅴ级吸附性太弱。

吸附剂的吸附能力不仅取决于吸附剂本身，还取决于被吸附物质的结构。化合物的吸附性与它们的极性成正比，化合物分子中含有极性较大的基团时，吸附性也较强，以氧化铝为例，对各种化合物的吸附性按以下次序递减：

酸和碱>醇、胺、硫醇>酯、醛、酮>芳香族化合物>卤代物>醚>烯>饱和烃

3.10.1.2　洗脱剂

在柱色谱分离中，淋洗样品的溶剂称为洗脱剂，洗脱剂的选择是至关重要的。通常根据被分离物质的极性、溶解度和吸附剂活性来考虑。

一般洗脱剂的选择是通过薄层色谱实验来确定的。具体方法：先用少量溶解好（或提取出来）的样品，在已经制备好的薄层板上点样（具体操作方法见3.9节），用少量展开剂展开，观察各组分点在薄层板上的位置，并计算 R_f 值。哪种展开剂能将样品中各组分完全展开，即可作为柱色谱的洗脱剂。当单纯一种展开剂达不到所要求的分离效果时，可考虑用混合展开剂。

选择洗脱剂的另一个原则是洗脱剂的极性不能大于样品中各组分的极性。否则会由于洗脱剂在固定相上被吸附，迫使样品一直保留在流动相中，影响分离效果。另外，所选择的洗脱剂必须能够将样品中各组分分解，但不能同各组分竞争与固定相的吸附。

色谱柱的洗脱首先使用极性最小的溶剂，使最容易脱附的组分分离，然后逐渐增加洗脱剂的极性，使极性不同的化合物按极性由小到大的顺序自色谱柱中洗脱下来。常用洗脱剂的极性及洗脱能力按如下顺序递增：

己烷和石油醚<环己烷<四氯化碳<三氯乙烯<二氧化硫<甲苯<苯<二氯甲烷<氯仿<环己烷-乙酸乙酯（80∶20）<二氯甲烷-乙醚（80∶20）<二氯甲烷-乙醚（60∶40）<环己烷-乙酸乙酯（20∶80）<乙醚<乙醚-甲醇（99∶1）<乙酸乙酯<丙酮<正丙醇<乙醇<甲醇<水<吡啶<乙酸

极性溶剂对于洗脱极性化合物是有效的，非极性溶剂对于洗脱非极性化合物是有效的，若分离复杂组分的混合物，通常选用混合溶剂。

3.10.1.3　色谱柱的大小和吸附剂的用量

柱色谱的分离效果不仅依赖于吸附剂和洗脱剂的选择，而且还与色谱柱的大小和吸附剂的用量有关。一般要求柱中吸附剂用量为待分离样品量的30~40倍，若需要时增加至100倍，柱高和直径之比一般为7.5∶1。

3.10.2　操作方法

3.10.2.1　装柱

装柱是柱色谱中最关键的操作，装柱的好坏直接影响分离效果。装柱之前，

先将空柱洗净干燥，然后将柱垂直固定在铁架台上。如果色谱柱下端没有砂芯横隔，就去一小团脱脂棉或玻璃棉，用玻璃棒将其推至柱底，再在上面铺上一层厚0.5~1 cm 的石英砂，然后进行装柱。装柱的方法有湿法和干法两种。

（1）湿法装柱：将吸附剂用洗脱剂中极性最低的洗脱剂调成稠糊状，在柱内先加入约 3/4 柱高的洗脱剂，再将调好的吸附剂边敲打柱身边倒入柱中，同时打开柱子的下端活塞，在色谱柱下面放一个干净并干燥的锥形瓶，接收洗脱剂。当装入的吸附剂有一定的高度时，洗脱剂流下的速度变慢，待所用吸附剂全部装完后，用留下来的洗脱剂转移残留的吸附剂，并将柱内壁残留的吸附剂淋洗下来。在此过程中，应不断敲打色谱柱，以使色谱柱填充均匀并没有气泡。柱子填充完后，在吸附剂上端覆盖一层约 0.5 cm 后的石英砂或一片比柱内径略小的圆形滤纸。在整个装柱过程中，柱内洗脱剂的高度始终不能低于吸附剂最上端，否则柱内会出现裂痕和气泡。

（2）干法装柱：在色谱柱上端放一个干燥的漏斗，将吸附剂倒入漏斗中，使其成为细流连续地装入柱中，并轻轻敲打色谱柱柱身，使其填充均匀，再加入洗脱剂湿润。也可先加入 3/4 的洗脱剂，然后倒入干的吸附剂。

由于氧化铝和硅胶的溶剂化作用易使柱内形成缝隙，所以这两种吸附剂不易使用干法装柱。

3.10.2.2　加样及洗脱

液体样品可以直接加入色谱柱中，如浓度低可浓缩后再进行分离。固体样品应先用少量的溶剂溶解后再加入柱中。在加入样品时，应先将柱内洗脱剂排至稍低于石英砂表面后停止排液，用滴管沿柱内壁把样品一次加完。在加入样品时，应注意滴管尽量向下靠近石英砂表面。样品加完后，打开下旋塞，使液体样品进入石英砂层后，再加入少量的洗脱剂将壁上的样品洗脱下来，待这部分液体的液面和吸附剂表面相齐时，即可打开安置在柱上装有洗脱剂的滴液漏斗的活塞，加入洗脱剂，进行洗脱。

洗脱剂的流速对柱色谱分离效果有显著影响。在洗脱过程中，样品在柱内的下移速度不能太快，如果溶剂流速较慢，则样品在柱中保留的时间长，各组分在固定相和流动相之间能得到充分的吸附或分配作用，从而使混合物，尤其是结构、性质相似的组分得以分离。但样品在柱内的下移速度也不能太慢（甚至过夜），因为吸附剂表面活性较大，时间太长有时可能造成某些组分被破坏，使色谱扩散，影响分离效果。因此，层析时洗脱速度要适中。通常洗脱剂流出速度为每分钟 5~10 滴，若洗脱剂下移速度太慢可适当加压或用水泵减压，以加快洗脱速度，直至所有色带被分开。

3.10.2.3　分离成分的收集

如果样品中各组分都有颜色时，可根据不同的色带用锥形瓶分别进行收集，然后分别将洗脱剂蒸除得到纯组分。但大多数有机物质是没有颜色的，只能分段收集洗脱液，再用薄层色谱或其他方法鉴定隔断洗脱液的成分，成分相同者可以合并。

【操作指导】

（1）如果装柱时吸附剂的顶面不呈水平，将会造成非水平的谱带，如图3.26所示。若吸附剂表面不平整或内部有气泡时会造成沟流现象（谱带前沿一部分向前伸出的现象叫沟流），如图3.27所示。所以吸附剂要均匀装入管内，装柱时要轻轻不断地敲击柱子，以除尽气泡，不要裂痕，防止内部造成沟流现象，影响分离效果。但不要过分敲击，否则太紧密而流速太慢。

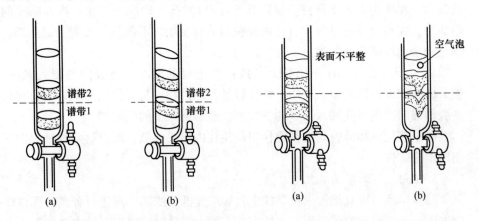

图 3.26　水平的和非水平的谱带前沿的对比　　　　图 3.27　沟流现象
（a）表面水平；（b）表面不水平　　　　（a）表面不平整造成沟流；（b）气泡造成沟流

（2）覆盖石英砂的目的是：1）使样品均匀地流入吸附剂表面；2）在加料时不致把吸附剂冲起，影响分离效果。若无砂子也可用玻璃棉或剪成比柱子内径略小的滤纸压在吸附剂上面。

（3）向柱中添加洗脱剂时，应沿壁柱缓缓加入，以免将表面吸附剂和样品冲溅泛起，造成非水平谱带。洗脱剂应连续平稳地加入，不能中断，不能使柱顶变干，因为湿润的柱子变干后，吸附剂可能与柱壁脱开形成裂沟，结果显色不匀，也产生不规则的谱带。

实验十一　　柱色谱分离甲基橙和亚甲基蓝

一、实验目的

（1）学习色谱法的原理和分类。

（2）了解色谱法在有机化学中的应用。

（3）掌握柱色谱的实验操作方法。

二、实验原理

色谱法（chromatography）也称色层法、层析法等。色谱法是分离、纯化和鉴定有机化合物的重要方法之一。色谱法的基本原理是利用混合物各组分在某一物质中的吸附或溶解性能（分配）的不同，或其亲和性的差异，使混合物的溶液流经该种物质进行反复的吸附或分配作用，从而使各组分分离。

柱色谱又称柱层析。柱色谱是一种物理分离方法，分为吸附柱色谱和分配柱色谱，一般多用前者。柱色谱根据混合物中各组分对吸附剂（即固定相）的吸附能力，以及对洗脱剂（及流动相）的溶解度不同将各组分分离。

通常在玻璃柱中填入表面积很大，经过活化的多孔物质或颗粒状固体吸附剂（如氧化铝或硅胶）。当混合物的溶液流经吸附柱时，即被吸附在柱的上端，然后从柱顶加入溶剂（洗脱剂）洗脱。由于各组分吸附能力不同，即发生不同程度的解吸附，从而以不同速度下移，形成若干色带。若继续再用溶剂洗脱，吸附能力最弱的组分随溶剂首先流出。整个色谱过程进行反复的吸附→解吸附→再解吸附。分别收集各组分，再逐个进行鉴定。

三、仪器与试剂

（一）主要仪器

色谱柱、脱脂棉、滤纸片、烧杯。

（二）主要试剂

硅胶、无水乙醇、甲基橙和亚甲基蓝混合溶液。

四、实验步骤

（一）装柱

取一根色谱柱，用一根干净的玻璃棒将少量的脱脂棉轻轻推入柱底的狭窄部位，轻轻塞紧，再在脱脂棉上盖上一张比色谱柱内径略小的滤纸片，关闭活塞，将其垂直固定在铁架台上。

湿法装柱：加入选定的洗脱液至柱高的1/4，称取2.5 g硅胶加入6 mL无水乙醇，快速调成糊状，打开柱下活塞调节流速为每秒1滴，将调好的吸附剂在搅拌下从柱顶部快速加入，同时用洗耳球轻轻敲击柱身，使吸附剂在洗脱液中均匀沉降，尽量保持吸附剂前沿平整。待洗脱液距离吸附剂约2 mm时，在吸附剂的顶端覆盖2片滤纸（或用酸洗净的细砂约2 mm厚）。在全部装柱过程及装柱完成后，都始终需要保持吸附剂上面有一段液柱。

（二）加样

本实验采用湿法加样。

打开柱下活塞，小心放出柱中液体至液面下降至滤纸片处，关闭活塞。将适量的甲基橙和亚甲基蓝混合溶液沿着柱壁缓慢加入，切记勿冲动吸附剂。小心打开柱下活塞，放出液体至滤纸片处，关闭活塞，用少许洗脱液冲洗内壁，再放出液体至滤纸片处，再次冲洗内壁，直至柱壁和柱顶溶剂没有颜色。

（三）洗脱和接收

当液面下降至滤纸处时，加入少量 A 液洗脱。随着洗脱液向下移动，柱内出现两条色带，继续洗脱，色带距离拉开，最终被一个个洗脱下来。当第一个色带开始流出时，更换接收瓶，接收完毕后再更换接收瓶，当液面下降至距滤纸处约2 mm 高时，更换 B 液洗脱接收两个色带间的空白带，之后再接收第二个色带。

【注意事项】

色谱柱填装紧与否对分离效果很有影响，若松紧不均，特别是有断层时，影响流速和色带的均匀，但如果装时过分敲击，色谱柱填装过紧，又使流速太慢。

五、思考题

（1）装柱、加样的操作中应该注意哪些问题？
（2）在色谱分离过程中，为什么不要让柱内的液体流干和不让柱内有气泡？
（3）为什么极性大的组分要用极性较大的溶剂洗脱？
（4）简述柱色谱分离有机化合物的基本原理。
（5）柱色谱的操作主要有哪些？在各个操作中应注意哪些事项？
（6）简述实验心得体会。

3.11 纸 色 谱

3.11.1 纸色谱原理

纸色谱主要用于分离和鉴定有机物中多官能团和高极性化合物如糖、氨基酸等的分离。它属于分配色谱的一种。它的分离作用不是靠滤纸的吸附作用，而是以滤纸作为惰性载体，以吸附在滤纸上的水或有机溶剂作为固定相，流动相是被水饱和过的有机溶剂或水（展开剂）。它利用样品中各组分在两相中分配系数的不同达到分离的目的。

它的优点是操作简单，价格便宜，所得到的色谱可以长期保存；缺点是展开时间较长，因为在展开过程中，溶剂的上升速度随着高度的增加而减慢。

图 3.28 给出了两种不同的纸色谱装置，这两种装置是由展开缸、橡皮塞、

钩子组成的。钩子被固定在橡皮塞上，展开时将滤纸挂在钩子上。滤纸上的 c、g 是点样点。

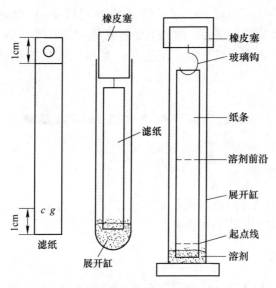

图 3.28　纸色谱装置

3.11.2　操作方法

　　纸色谱操作过程与薄层色谱一样，所不同的是薄层色谱需要吸附剂作为固定相，而纸色谱只用一张滤纸，或在滤纸上吸附相应的溶剂作为固定相。在操作和选择滤纸、固定相、展开剂过程中应注意以下几点：

　　（1）所选用滤纸的薄厚应均匀，无折痕，滤纸纤维松紧适宜。通常作定性实验时，可采用国产 1 号展开滤纸，滤纸大小可自行选择，一般为 3 cm×20 cm、5 cm×30 cm、8 cm×50 cm 等。

　　（2）在展开过程中，将滤纸挂在展开缸内，展开剂液面高度不能超过样品点 c、g 的高度。

　　（3）流动相（展开剂）与固定相的选择，根据被分离物质性质而定。一般规律如下：

　　1）对于易溶于水的化合物 可直接以吸附在滤纸上的水作为固定相（即直接用滤纸），以能与水混溶的有机溶剂作为流动相，如低级醇类。

　　2）对于难溶于水的极性化合物 应选择非水性极性作为固定相，如甲酰胺、N,N-二甲基甲酰胺等；以不能与固定相相混合的非极性溶剂作为流动相，如环乙烷、苯、四氯化碳、氯仿等。

　　3）对于不溶于水的非极性化合物 应以非极性溶剂作为固定相，如液体石蜡等；以极性溶剂作为流动相，如水、含水的乙醇、含水的酸等。

当一种溶剂不能将样品全部展开时，可选择混合溶剂。常用的混和溶剂有正丁醇-水，一般用饱和的正丁醇，正丁醇-醋酸-水可按4∶1∶5的比例配制，混合均匀，充分振荡，放置分层后，取出上层溶液作为展开剂。

按上述方法，以水作展开剂，做墨水（黑墨水或蓝墨水）组分分离，计算每一染料点的 R_f 值。本实验用时约 2 h。

实验十二　　纸色谱法分离氨基酸

一、实验目的

（1）学习氨基酸纸层析法的基本原理。
（2）掌握氨基酸纸层析的操作技术。

二、实验原理

纸层析法是生物化学上分离、鉴定氨基酸混合物的常用技术，可用于蛋白质的氨基酸成分的定性鉴定和定量测定，也是定性或定量测定多肽、核酸碱基、糖、有机酸、维生素、抗生素等物质的一种分离分析工具。纸层析法是用滤纸作为支撑物的分配层析法，其中滤纸纤维素上吸附的水是固定相，展层用的有机溶剂是流动相。在层析时，将样品点在距滤纸一端2~3 cm的某一处，该点称为原点；然后在密闭容器中层析溶剂沿滤纸的一个方形进行展层，这样混合氨基酸在两相中不断分配，由于分配系数不同，它们分布在滤纸的不同位置上。物质被分离后在纸层析图谱上的位置可用比移值 R_f 来表示。所谓 R_f，是指在纸层析中，从原点至氨基酸停留点中心的距离与原点至溶剂前沿的距离的比值。

在一定条件下某种物质的 R_f 值是常数。R_f 值的大小与物质的结构、性质、溶剂系统、温度、湿度、层析滤纸的型号和质量等因素有关。

三、仪器与试剂

（一）主要仪器
层析缸、点样毛细管、小烧杯、培养皿、量筒、喷雾器、吹风机、层析滤纸、直尺、铅笔。
（二）主要试剂
1. 扩展剂（水饱和的正丁醇和乙酸混合液）
将正丁醇和乙酸以体积比4∶1在分液漏斗进行混合，所得混合液再按体积比5∶3与蒸馏水混合；充分振荡，静止后分层，放出下层水层，漏斗内即为扩展剂。

2. 氨基酸溶液

赖氨酸、脯氨酸、亮氨酸以及它们的混合液。

3. 显色剂

水合茚三酮正丁醇溶液。

四、实验步骤

（一）准备滤纸

取层析滤纸一张，在纸的一端距边缘 2~3 cm 处用铅笔画一条直线，在此直线上每隔 3 cm 作一个记号。

（二）点样

用毛细管将各氨基酸样品分别点在这 4 个位置上，干后重复点样 2~3 次。每点在纸上扩散的直径最大不超过 3 cm。

（三）扩展

用线将滤纸缝成筒状，纸的两边不能接触。将盛有约 20 mL 扩展剂的培养皿迅速置于密闭的层析缸中，并将滤纸直立于培养皿中。待溶剂上升 15~20 cm 时即取出滤纸，用铅笔描出溶剂前沿界线。自然干燥或用吹风机热风吹干。

（四）显色

用喷雾器均匀喷上茚三酮正丁醇溶液，然后用吹风机吹干或者置烘箱中烘烤 5 min 即可析出各层析斑点。

（五）计算

计算各种氨基酸的 R_f 值。

【注意事项】

（1）取滤纸前，要将手洗净，这是因为手上的汗渍会污染滤纸，并极可能减少接触滤纸；如条件许可，也可戴上一次性手套拿滤纸。要将滤纸平放在洁净的纸上，不可放置在试验台上，以防止污染。

（2）点样点的直径不能过大，否则分离效果不好，并且样品用量大会造成"拖尾巴"现象。

（3）在滤纸的一端用点样器点上样品，点样点要高于培养皿中扩展剂液面约 1 cm。由于各氨基酸在流动相和固定相的分配系数不同，当扩展剂从滤纸一端向另一端展开时，对样品中各组分进行了连续的抽提，从而使混合物中的各组分分离。

五、思考题

（1）纸层析法的原理是什么？

（2）何谓 R_f 值？影响 R_f 值的主要因素是什么？

3.12　气　相　色　谱

气相色谱简称 GC。气相色谱目前发展极为迅速，已成为许多工业部门（如石油、化工、环保等部门）必不可少的工具。气相色谱主要用于分离和鉴定气体和挥发性较强的液体混合物，对于沸点高、难挥发的物质可用高压液相色谱仪进行分离鉴定。气相色谱常分为气-液色谱（GLC）和气-固色谱（GSC），前者属于分配色谱，后者属于吸附色谱。本章主要介绍气-液色谱。

3.12.1　气相色谱原理

气相色谱中的气-液色谱法属于分配色谱，其原理与纸色谱类似，都是利用混合物中的各组分在固定相中的流动相之间分配情况不同，从而达到分离的目的。所不同的是气-液色谱中的流动相是载气，固定相是吸附在载体或担体上的液体。担体是一种具有热稳定性和惰性的材料，常用的担体有硅藻土、聚四氟乙烯等。担体本身没有吸附能力，对分离不起什么作用，只是用来支撑固定相，使其停留在柱内。分离时，先将含有固定相的担体装入色谱柱中。色谱柱通常是一根弯成螺旋状的不锈钢管，内径约为 3 mm，长度由 1~10 m 不等。当配成一定浓度的溶液样品，用微量注射器注入汽化室后，样品在汽化室中受热迅速汽化，随载体（流动相）进入色谱柱中，由于样品中各个组分的极性和挥发性不同，汽化后的样品在柱中固定相和流动相之间不断地发生分配平衡，挥发性较高的组分由于在流动相中溶解度大于在固定相中的溶解度，因此，对流动相迁移快。这样，易挥发的组分先随流动相出色谱柱，进入检测器鉴定，而难挥发的组分随流动相移动得慢，后进入检测器，从而达到分离的目的。

3.12.2　气相色谱分析

气相色谱仪由汽化室、进样器、色谱柱、检测器、记录仪、收集器组成，如图 3.29 所示。通常使用的检测仪器有热导检测器和氢火焰离子化检验器。热导检测器是将两根材料相同、长度一样且电阻值相等的热敏电阻丝作为惠斯通电桥的两臂，利用含有样品气的载气与纯载气热导率的不同，引起热敏丝的电阻值发生变化，使电桥电路不平衡，产生信号。将此信号放大并记录下来就得到一条检测器电流对时间的变化曲线，通过记录仪画在纸上便得到了一张色谱图。

在图谱中除空气峰以外，其余每个峰都代表样品中的一个组分。对应每个峰的时间是各组分的保留时间。所谓保留时间，就是一个化合物从注射时刻到馏出色谱柱所需的时间。当分离条件给定时，就像薄层色谱中的 R_f 一样，每一种化合物都具有恒定的保留时间。利用这一性质，可对化合物进行定性鉴定。在做定

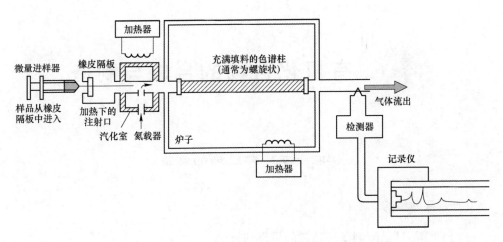

图 3.29　气相色谱仪示意图

性鉴定时，最好用已知样品做参照对比，因为在一定条件下，有时不同的物质也可能具有相同的保留时间。

　　利用气相色谱还可以进行化合物的定量分析。其原理是：在一定范围内色谱峰的面积与化合物各组分的含量成直线关系，即色谱峰面积（或峰高）与组分的浓度成正比。

4 有机化合物的合成与制备

实验十三 环己烯的制备

一、实验目的

（1）学习环己醇制备环己烯的原理和方法。
（2）了解分馏原理及实验操作。
（3）复习蒸馏、分液及干燥等实验操作。

二、实验原理

主反应：

$$\text{Cyclohexanol} - OH \xrightarrow{85\%H_3PO_4} \text{Cyclohexene} + H_2O$$

副反应：

$$\text{Cyclohexanol} - OH \xrightarrow{85\%H_3PO_4} \text{Cyclohexyl-O-Cyclohexyl} + H_2O$$

主反应为可逆反应，本实验采用的措施是：边反应边蒸出反应生成的环己烯和水形成的二元共沸物（沸点 70.8 ℃，含水 10%）。但是原料环己醇也能和水形成二元共沸物（沸点 97.8 ℃，含水 80%）。为了使产物以共沸物的形式蒸出反应体系，而又不夹带原料环己醇，本实验采用分馏装置，并控制柱顶温度不超过 90 ℃。反应采用 85% 的磷酸为催化剂，而不用浓硫酸作催化剂，是因为磷酸氧化能力较硫酸弱得多，减少了氧化副反应。

分馏的原理就是让上升的蒸汽和下降的冷凝液在分馏柱中进行多次热交换，相当于在分馏柱中进行多次蒸馏，从而使低沸点的物质不断上升、被蒸出；高沸点的物质不断地被冷凝、下降、流回加热容器中；结果将沸点不同的物质分离。

三、仪器及药剂

（一）主要仪器

烧瓶、直形冷凝管、温度计、接收管、锥形瓶、量筒、蒸馏头、玻璃棒、电热套，铁架台、电子天平。

（二）主要试剂

环己醇、环己烯、85%磷酸。

四、实验步骤

（1）在 50 mL 干燥的圆底（或茄形）烧瓶中，放入 10 mL 环己醇、5 mL 85%磷酸，充分振摇、混合均匀。投入几粒沸石，按图 4.1 安装反应装置，用锥形瓶作接收器。

（2）将烧瓶在石棉网上用小火慢慢加热，控制加热速度使分馏柱上端的温度不要超过 90 ℃，馏出液为带水的混合物。当烧瓶中只剩下很少量的残液并出现阵阵白雾时，即可停止蒸馏。全部蒸馏时间约需 40 min。

（3）将蒸馏液分去水层，加入等体积的饱和食盐水，充分振摇后静止分层，分去水层。（洗涤微量的酸，产品在哪一层？）将下层水溶液自漏斗下端活塞放出，上层的粗产物自漏斗的上口倒入干燥的小锥形瓶中，加入 1~2 g 无水氯化钙干燥。

（4）将干燥后的产物滤入干燥的蒸馏瓶中，加入几粒沸石，用水浴加热蒸馏。收集 80~85 ℃的馏分于一已称重的干燥小锥形瓶中。产量为 4~5 g，本实验约需 4 h。

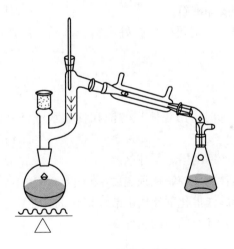

图 4.1　环己烯制备装置图

【注意事项】

（1）环己醇在常温下是黏稠状液体，因而若用量筒量取时应注意转移中的损失。因此，取样时，最好先取环己醇，后取磷酸。

（2）环己醇与磷酸充分混合，否则加热过程中可能会局部碳化，使溶液变黑。

（3）安装仪器的顺序是从下到上，从左到右。十字头应口向上。

（4）由于反应中环己烯与水形成共沸物（沸点 70.8 ℃，含水 10%）；环己醇也能与水形成共沸物（沸点 97.8 ℃，含水 80%）。因此在加热时温度不可过高，蒸馏速度不宜太快，以减少未作用的环己醇蒸出。一般要求柱顶控制在 73 ℃ 左右，但反应速度太慢。本实验为了加快蒸出的速度，可控制 90 ℃ 以下。

（5）反应终点的判断可参考以下几个参数：1）反应进行 40 min 左右；2）分馏出的环己烯和水的共沸物达到理论计算量；3）反应烧瓶中出现白雾；4）柱顶温度下降后又升到 85 ℃ 以上。

（6）洗涤分水时，水层应尽可能分离完全，否则将增加无水氯化钙的用量，使产物更多地被干燥剂吸附而招致损失。这里用无水氯化钙干燥较适合，因为它还可除去少量环己醇。无水氯化钙的用量视粗产品中的含水量而定，一般干燥时间应在 0.5 h 以上，最好干燥过夜。但由于时间关系，实际实验过程中，可能干燥时间不够，这样在最后蒸馏时，可能会有较多的前馏分（环己烯和水的共沸物）蒸出。

（7）在蒸馏已干燥的产物时，蒸馏所用仪器都应充分干燥。接收产品的三角瓶应先称重。

（8）一般蒸馏都要加沸石。

（9）进实验室前，一定要事先查好原料、产品及副产品的物理常数，做到心中有数。

五、思考题

（1）在纯化环己烯时，用等体积的饱和食盐水洗涤，而不用水洗涤，目的何在？

（2）本实验提高产率的措施是什么？

（3）实验中，为什么要控制柱顶温度不超过 90 ℃？

（4）本实验用磷酸作催化剂比用硫酸作催化剂好在哪里？

（5）蒸馏时，加入沸石的目的是什么？

实验十四　溴乙烷的合成

一、实验目的

（1）学习从醇制备溴代烷的原理和方法。

（2）进一步巩固分液漏斗的使用及蒸馏操作。

二、实验原理

主反应：

$$NaBr + H_2SO_4 \longrightarrow HBr + NaHSO_4$$
$$CH_3CH_2OH + HBr \longrightarrow CH_3CH_2Br + H_2O$$

副反应：

$$2CH_3CH_2OH \longrightarrow CH_3CH_2OCH_2CH_3 + H_2O$$
$$HBr + H_2SO_4 \longrightarrow SO_2 + Br_2 + H_2O$$
$$CH_3CH_2OH \longrightarrow C_2H_4 + H_2O$$

三、仪器及试剂

（一）主要仪器

50 mL 和 25 mL 的圆底烧瓶各一个、直形冷凝管、接收弯头、温度计、蒸馏头、分液漏斗、锥形瓶、烧杯、玻璃棒、电热套、铁架台、电子天平。

（二）主要试剂

乙醇（95%）、溴化钠（无水）、浓硫酸、饱和亚硫酸氢钠溶液。

四、实验步骤

（1）在 50 mL 圆底烧瓶中加入 4 mL 水，在冷却和不断振摇下，慢慢地加入 11 mL 浓硫酸。冷至室温后，再加入 6.2 mL 95%乙醇，在冷却并搅拌下加入 8.2 g 研细的溴化钠及两颗沸石。如图 4.2 所示，将烧瓶用 75°弯管与直形冷凝管相连，冷凝管下端连接接引管。溴乙烷的沸点很低，极易挥发，为了避免损失，在接受器中加冷水及 3 mL 饱和亚硫酸氢钠溶液，放在冰水浴中冷却，并使接引管的末端刚浸入在接收器的水溶液中。

（2）在石棉网上用小火加热蒸馏瓶，瓶中溶液开始发泡，油状物开始蒸出来。约 30 min 后慢慢加大火焰，直至无油滴蒸出为止。馏出液为乳白色油状物，沉于瓶底。

（3）将馏出物倒入分液漏斗中，静置分出有机层后，倒入干燥的小锥形瓶中，把锥形瓶浸入冰水浴中冷却。逐滴向瓶中滴入浓硫酸，

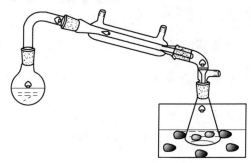

图 4.2　溴乙烷制备装置图

同时振荡，以除去乙醚、乙醇及水等杂质，直到溴乙烷变得澄清透明，且有明显的液层分出为止（约需 4 mL 的浓硫酸），用干燥的分液漏斗仔细分去下面的硫

酸层，将溴乙烷层从上面倒入 30 mL 蒸馏瓶中。

（4）安装蒸馏装置，加两粒沸石，用水浴加热，蒸馏溴乙烷，收集 36～40 ℃的馏分，收集产品的接收器要用冰水浴冷却。产量约 6 g，溴乙烷为无色液体，沸点为 38.4 ℃。

【注意事项】

（1）加入浓硫酸需小心飞溅，用冰浴冷却，并不断振摇以使原料混匀；溴化钠需研细，分批加入以免结块。

（2）反应初期会有大量气泡产生，可采取间歇式加热方法，保持微沸，使其平稳进行。暂停加热时要防止尾气管处倒吸。

（3）反应结束，先提起尾气管防止倒吸，再撤去火源。趁热将反应瓶内的残渣倒掉，以免结块后不易倒出。

（4）分液漏斗使用时，第一次分液产品在哪一层？（下层）；第二次分液产品在哪一层？（上层）

（5）反应后的粗产品中含有哪些杂质？它们是如何被除去的？即阐述浓硫酸洗涤的作用：可以除水，除去未反应而被蒸出的乙醇和反应副产物乙醚。

（6）产品经浓硫酸除水后不必再进行干燥处理，所以要用干燥的分液漏斗。

五、思考题

（1）实验蒸馏过程中若出现倒吸应该怎么办？可否马上移开酒精灯？

（2）蒸馏时，反应瓶气泡过多会有什么影响？这时应该怎样处理？

（3）怎么判断反应完全？

（4）为什么要在圆底烧瓶中加入 4 mL 的水？

实验十五　正溴丁烷的合成

一、实验目的

（1）了解以正丁醇、溴化钠和浓硫酸为原料制备正溴丁烷的基本原理和方法。

（2）掌握带有害气体吸收装置的加热回流操作。

（3）进一步熟悉、巩固洗涤、干燥和蒸馏操作。

二、实验原理

反应式：

$$n\text{-}C_4H_9OH + NaBr + H_2SO_4 \longrightarrow n\text{-}C_4H_9Br + NaHSO_4 + H_2O$$

三、仪器和试剂

（一）主要仪器

圆底烧瓶（50 mL、100 mL 各 1 个）、冷凝管（直形、球形各 1 支）、温度计套管（1 个）、短径漏斗（1 个）、烧杯（800 mL 1 个）、蒸馏头（1 个）、接引管（1 个）、水银温度计（150 ℃ 1 支）、锥形瓶（2 个）、分液漏斗（1 个）。

（二）主要试剂

正丁醇、溴化钠（无水）、浓硫酸、10 %碳酸钠溶液、无水氯化钙。

四、实验步骤

（1）在 100 mL 的圆底烧瓶中，加入 10 mL 水，慢慢加入 12 mL 浓硫酸，混匀并冷却至室温。加入正丁醇7.5 mL，混合后加入 10 g 研细的溴化钠，充分振摇，再加入几粒沸石，装上回流冷凝管，在冷凝管上端接一吸收溴化氢气体的装置，用水做吸收剂，装置图见图 4.3。

（2）用电炉小火加热回流 0.5 h（在此过程中，要经常摇动），冷却后，改作蒸馏装置，加热蒸出溴丁烷。

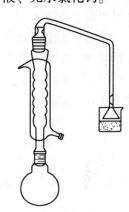

图 4.3　正溴丁烷制备装置图

（3）将馏出液小心地转入分液漏斗，用 10 mL 水洗涤（取哪一层?），用 5 mL 的浓硫酸洗涤。尽量分去硫酸层（哪一层?），有机层依次分别用水、饱和碳酸氢钠溶液和水各 10 mL 洗涤。产物移入干燥的小三角烧瓶中，加入无水氯化钙干燥，间歇摇动，直至液体透明。将干燥后的产物小心地转入蒸馏烧瓶中。加热蒸馏，收集 99~103 ℃的馏分，产量为 6~7 g（产率约 52%）。

【注意事项】

（1）加料时溴化钠不要黏附在液面以上的烧瓶壁上，从冷凝管上口加入已充分稀释、冷却的硫酸时，每加一次都要充分振荡，混合均匀。否则，因放出大量的热而使反应物氧化，颜色变深。

（2）开始加热不要过猛，否则回流时反应液的颜色很快变成橙色或橙红色，应小火加热至沸，并始终保持微沸状态。

反应时间约 30 min，反应时间太短，反应液中残留的正丁醇较多（即反应不完全）；但反应时间过长，也不会因时间增长而增加产率。本实验在操作正常的情况下，反应液中油层呈淡黄色，冷凝管顶端亦无溴化氢逸出。

（3）粗蒸馏终点的判断：1）看蒸馏烧瓶中正溴丁烷层（即油层）是否完全消失，若完全消失，说明蒸馏已达终点；2）看冷凝管的管壁是否透明，若透明则表明蒸馏已达终点；3）用盛有清水的试管检查馏出液，看是否有油珠下沉，若没有，表明蒸馏已达终点。

（4）用浓硫酸洗涤粗产物时，一定先将油层与水层彻底分开，否则浓硫酸会被稀释而降低洗涤效果。

五、思考题

（1）什么时候用气体吸收装置？如何选择吸收剂？

（2）在正溴丁烷的合成实验中，蒸馏出的馏出液中正溴丁烷通常应在下层，但有时可能出现在上层，为什么？若遇此现象如何处理？

（3）粗产品正溴丁烷经水洗后油层呈红棕色是什么原因？应如何处理？

（4）本实验中硫酸的作用是什么？硫酸的用量和浓度过大或过小有什么不好？

（5）用分液漏斗洗涤产物时，产物时而在上层，时而在下层，可以用什么简便方法加以判断？

（6）为什么用饱和的碳酸氢钠溶液洗涤前先要用水洗一次？

（7）用分液漏斗洗涤产物时，为什么摇动后要及时放气？应如何操作？

实验十六　叔丁基氯的制备

一、实验目的

（1）学习由醇制备卤代烃的方法。

（2）练习掌握分液漏斗、萃取和蒸馏等基本操作。

二、实验原理

反应式：

$$(CH_3)_3COH + HCl \longrightarrow (CH_3)_3CCl + H_2O$$

三、仪器及试剂

（一）主要仪器

分液漏斗、铁架台、铁圈、烧杯、水浴锅、玻璃漏斗、蒸馏瓶、电热套、蒸馏头、温度计、温度计套管、直形冷凝管、接收管、锥形瓶。

（二）主要试剂

叔丁醇、浓盐酸、5%碳酸氢钠溶液、无水氯化钙。

四、实验步骤

（1）如图4.4所示，在100 mL分液漏斗中，放置4.8 mL叔丁醇和12.5 mL

浓盐酸。先勿塞住漏斗，轻轻旋摇 1 min，然后将漏斗塞紧，翻转后振摇 2～3 min。注意及时打开活塞放气，以免漏斗内压力过大，使反应物喷出。

（2）静置分层后分出有机相，依次用等体积的水、5%碳酸氢钠溶液、水洗涤。用碳酸氢钠溶液洗涤时，要小心操作，注意及时放气。

（3）产物经无水氯化钙干燥后，滤入蒸馏瓶中，在水浴上蒸馏。接收瓶用冰水浴冷却，收集 48～52 ℃馏分，产量约 3.5 g。纯粹叔丁基氯的沸点为 52 ℃，本实验需 2～3 h。

【注意事项】

（1）在反应物刚混合时，不可盖上盖子振摇分液漏斗，否则会因压力过大，将反应物冲出。

（2）当加入饱和碳酸氢钠溶液时有大量气体产生，必须缓慢加入并慢慢地旋动开口的漏斗塞直至气体逸出停止。再将分液漏斗塞紧，缓缓倒置后，立即放气。

（3）蒸馏产物时，要用水浴加热。

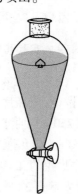

图 4.4　叔丁基氯制备装置图

五、思考题

（1）洗涤粗产物时，如果碳酸氢钠溶液浓度过高、洗涤时间过长有什么不好？

（2）本实验中未反应的叔丁醇如何除去？

实验十七　1,2-二溴乙烷的合成

一、实验目的

（1）学习以醇为原料通过烯烃制备邻二卤代烃的实验原理和过程。

（2）进一步巩固蒸馏的基本操作和分液漏斗的使用方法。

二、实验原理

$$CH_3CH_2OH \longrightarrow CH_2 \!=\! CH_2 + H_2O$$
$$CH_2 \!=\! CH_2 + Br_2 \longrightarrow BrCH_2CH_2Br$$

三、仪器与试剂

（一）主要仪器

100 mL 圆底烧瓶、直形冷凝管、接收弯头、温度计、蒸馏头、分液漏斗、锥形瓶。

（二）主要试剂

乙醇（95%）、液溴、粗砂、浓硫酸、10%氢氧化钠、无水氯化钙。

四、实验步骤

（1）如图 4.5 所示，在 250 mL 三颈烧瓶 A（乙烯发生器）一边侧口插上温度计（接近瓶底），中间装上恒压滴液漏斗，另一侧口通过乙烯出口管与安全瓶 B（250 mL 抽滤瓶）相连，瓶内装有少量水，插入安全管。安全瓶 B 与洗瓶 C（150 mL 三角瓶或用抽滤瓶）相连，洗瓶 C 内盛有 10%氢氧化钠溶液以便吸收反应中产生的二氧化硫，洗瓶 C 与盛有 3 mL 液溴的反应管 D（具支试管）连接（管内盛有 2~3 mL 水以减少溴的挥发），试管置于盛有冷水的烧杯中，反应管 D 同时连接盛有碱液的小三角瓶，以吸收溴的蒸气。装置要严密，各瓶塞必须用橡皮塞，切不可漏气。

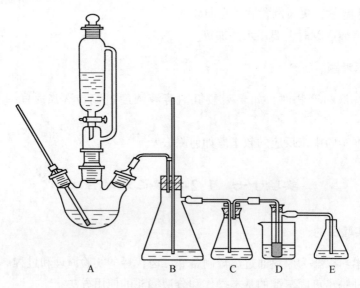

图 4.5 1,2-二溴乙烷制备装置图

（2）为了避免反应物发生泡沫而影响反应进行，向三角烧瓶内加入 7g 粗砂。在冰浴冷却下，将 30 mL 浓硫酸慢慢加入 15 mL 95%乙醇中，摇匀，然后取出 10 mL 混合液加入三颈烧瓶 A 中，剩余部分倒入恒压滴液漏斗，关好活塞。加热前，先将 C 与 D 连接处断开，在石棉网上加热，待温度升到约 120 ℃时，此时体系内大部分空气已排除，然后连接 C 与 D。当 A 内反应温度升至 160~180 ℃，即有乙烯产生，调节火焰，使反应温度保持在 180 ℃左右，使气泡迅速通过安全瓶 B 的液层，但并不汇集成连续的气泡流。然后从滴液漏斗中慢慢滴加乙醇-硫酸的混合液，保持乙烯气体均匀地通入反应管 D 中，产生的乙烯与溴作用，当反应管中溴液褪色或接近无色，反应即可结束，反应时间约 0.5 h。先拆下反应管 D，然后停止加热。

（3）将粗品移入分液漏斗，分别用水、10%氢氧化钠溶液各 10 mL 洗涤至完全褪色，再用水洗涤两次，每次 10 mL，产品用无水氯化钙干燥。然后蒸馏收集 129~133 ℃ 馏分，产量为 7~8 g。纯 1,2-二溴乙烷为无色液体，沸点为 131.3 ℃。

【注意事项】

（1）安全管不要贴底部。若安全管水柱突然上升，表示体系发生了堵塞，必须立即排除故障。

（2）反应过程中，硫酸既是脱水剂，又是氧化剂，因此反应过程中，伴有乙醇被硫酸氧化的副产物二氧化硫和二氧化碳产生，二氧化硫与溴发生反应：

$$Br_2 + 2H_2O \longrightarrow 2HBr + H_2SO_4$$

故生成的乙烯先要经过氢氧化钠溶液洗涤，以除去这些酸性气体杂质。

（3）液溴相对密度为 3.119，通常用水覆盖。液溴对皮肤有强烈的腐蚀性，蒸气有毒，故取溴时需在通风橱内小心进行。

（4）溴和乙烯发生反应时放热，如不冷却，会导致溴大量逸出，影响产量。

（5）仪器装置不得漏气，这是本实验成败的重要因素。

（6）粗砂需经水洗、酸洗（用 HCl），然后烘干备用。

（7）若不褪色，可加数毫升饱和亚硫酸氢钠溶液洗涤。

五、思考题

（1）影响 1,2-二溴乙烷产率的因素有哪些？试从装置和操作两方面加以说明。

（2）本实验装置的恒压漏斗、安全管、洗气瓶和吸收瓶各有什么用处？

（3）若无恒压漏斗，可用平衡管。如何安装？

实验十八　2-甲基-2-丁醇的制备

一、实验目的

（1）学习格氏试剂的制备和应用。

（2）掌握低沸点易燃液体的处理方法。

（3）熟练掌握蒸馏、回流及液态有机物的洗涤、萃取、干燥等技术。

二、实验原理

2-甲基-2-丁醇是一种常见的叔醇，常温下为无色液体，有类似樟脑的气味。

微溶于水，与乙醇、乙醚、苯、氯仿、甘油互溶。易燃，易发生消除反应。实验室中常用 Grignard 试剂合成。用作溶剂和有机原料，生产药物、香料、增塑剂、浮选剂等。卤代烷在无水乙醚中与金属镁发生插入反应生成烷基卤化镁，生成的烷基卤化镁与酮发生加成—水解反应，得到叔醇。

反应必须在无水和无氧条件下进行。因为 Grignard 试剂遇水分解，遇氧会继续发生插入反应。所以，本实验中用无水乙醚作溶剂，由于无水乙醚的挥发性大，可以借乙醚蒸气赶走容器中的空气，因此可以获得无水、无氧的条件。

Grignard 试剂生成的反应是放热反应，因此应控制溴乙烷的滴加速度，不宜太快，保持反应液微沸即可。Grignard 试剂与酮的加成物酸性水解时也是放热反应，所以要在冷却条件下进行。

卤代烷在无水乙醚中与金属镁发生插入反应生成烷基卤化镁，生成的烷基卤化镁与酮发生加成—水解反应，得到叔醇。反应式如下：

$$H_3C-\overset{\overset{O}{\|}}{C}-CH_3 + C_2H_5MgBr \longrightarrow \underset{H_3C}{\overset{H_3C}{>}}\underset{OMgBr}{\overset{C_2H_5}{C}} \xrightarrow[H^+]{H_2O} \underset{H_3C}{\overset{H_3C}{>}}\underset{OH}{\overset{C_2H_5}{C}} + Mg\underset{Br}{\overset{OH}{<}}$$

三、仪器与试剂

（一）主要试剂

溴乙烷 10 mL、金属镁 1.8 g、无水丙酮 5 mL、无水乙醚 23 mL、乙醚、碘、浓硫酸、无水碳酸钾、10% 碳酸钠溶液。

（二）主要仪器

150 mL 三口烧瓶、球形冷凝管、直形冷凝管、恒压滴液、漏斗、分液漏斗、干燥管、50 mL 圆底烧瓶、蒸馏头、温度计、温度计套管、支管接引管、锥形瓶、量筒、烧杯、旋转蒸发仪、磁力搅拌器。

四、实验步骤

（1）如图 4.6 所示搭好装置，要求搅拌器转动灵活。本实验要求无水，玻璃仪器必须预先烘干。在 250 mL 三口烧瓶中放入 1.8 g 洁净干燥的镁带（剪成约 0.5 cm 小段）和 10 mL 无水乙醚；在滴液漏斗中加入 8.0 mL 无水乙醚和 10 mL 溴乙烷，摇匀。开动搅拌，从滴液漏斗往三口烧瓶内滴加 5~7 mL 溴乙烷与乙醚的混合液。当溶液微微沸腾，颜色变成灰色混浊时，表明反应已经开始。判断反应开始的方法：1）有气泡；2）烧瓶发热；3）溶液变黑。若反应长时间不开始，用手掌将烧瓶温热或用温水浴温热，也可投入一小粒碘（注意：反应还没有开始却加入大量溴乙烷，在反应时会太剧烈，无法控制）。

（2）反应开始后，慢慢滴加溴乙烷与乙醚的混合液，调整滴加速度，使反应瓶内保持缓缓沸腾。滴加混合液要控制好速度，防止乙醚冲出。若反应剧烈，应暂停滴加，并用冷水稍微冷却。滴加完毕，待反应缓和后，小火加热回流，约 30 min 后，镁几乎反应完毕，格氏试剂制好备用。

（3）乙基溴化镁溶液用冷水浴冷却，在搅拌下缓慢滴加 5.0 mL 无水丙酮与 5.0 mL 无水乙醚的混合液（会产生白色沉淀）。滴加完毕后，在冷却下继续搅拌 5 min。在搅拌与冷却下，小心滴加预先配好的 3.0 mL 浓硫酸和 45 mL 水的混合液。反应剧烈，先生成白色沉淀，后沉淀又溶解，刚开始滴加要慢，可逐渐加快。

（4）混合液倒入分液漏斗，分层。保留水层，醚层用 15 mL 10% 碳酸钠溶液洗涤。分出

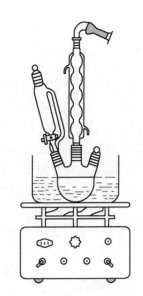

图 4.6 2-甲基-2-丁醇制备装置图

醚层保留。碱层与原先保留的水层合并，每次用 6 mL 乙醚萃取，共萃取两次，萃取所得醚层均并入原先保留的醚层。合并后的醚层加入无水碳酸钾干燥，加塞，振摇，至澄清透明。干燥后的液体用旋转蒸发仪蒸出溶剂。残留液倒入 50 mL 圆底烧瓶，加 2 粒沸石，蒸馏收集 100~104 ℃馏分，得 2-甲基-2-丁醇。量体积，回收，计算产率。

【注意事项】

（1）所有的试剂及反应用仪器必须充分干燥。溴乙烷事先用无水氯化钙干燥并蒸馏进行纯化。丙酮用无水 K_2CO_3 干燥也经蒸馏纯化，所用仪器在烘箱中烘干。

（2）严格控制溴乙烷的滴加速度。镁与溴乙烷反应时放出的热量足以使乙醚沸腾，根据乙醚沸腾的情况，可以判断反应的剧烈程度，滴加太快，反应液从冷凝管上端冲出。

（3）制备的乙基溴化镁溶液不能久放，应紧接着做下面的加成反应。因为它和空气中的氧、水分、二氧化碳都能起作用。

（4）粗产品干燥要彻底。2-甲基-2-丁醇能与水形成恒沸混合物，沸点为87.4 ℃。如果干燥得不彻底，就会有相当量的液体在 95 ℃以下被蒸出，这部分作为前馏分去掉而造成损失。

（5）蒸馏乙醚的注意事项：1）绝对禁止明火加热；2）接受瓶用冷水浴冷却；3）支管接引管的支管口连一橡皮管引到室外或引入下水道，靠流动的水将未冷凝的乙醚蒸气带走（本实验可练习用旋转蒸发仪蒸出乙醚，但要注意旋蒸时

真空度不要太高，以免所有乙醚都抽走，不能冷凝下来）。

五、思考题

（1）在制备格氏试剂和进行亲核加成反应时，为什么使用的药品和仪器须绝对干燥？

（2）反应若不能立即开始，应采取哪些措施？如果反应未真正开始，却加进了大量的溴乙烷，有什么不好？

（3）迄今在你做过的实验中，共用过哪几种干燥剂？试述它们的作用及应用范围。为什么本实验得到的粗产物不能用氯化钙干燥？

实验十九　三苯甲醇的合成

一、实验目的

（1）通过对高活性的金属有机试剂的制备让学生了解无水操作的技能，并掌握金属有机试剂的应用和反应的条件。

（2）复习回流、萃取、重结晶等基本实验操作。

（3）学习并掌握低沸点易燃液体的蒸馏技术和要领。

二、实验原理

格式试剂是有机合成中应用最广泛的金属有机试剂。其化学性质十分活泼，可以与醛、酮、酯、酸酐、酰卤、腈等多种化合物发生亲核加成反应，常用于制备醇、醛、酮、羧酸及各种烃类。

三苯甲醇是一种带有相同基团的醇，可以通过苯基溴化镁格式试剂和二苯甲酮或苯甲酸乙酯反应制备得到，本实验采用二苯甲酮和苯基溴化镁的反应制备。

$$\text{C}_6\text{H}_5\text{Br} + \text{C}_6\text{H}_5\text{MgBr} \xrightarrow{\text{无水乙醚}} \text{C}_6\text{H}_5\text{—C}_6\text{H}_5$$

三、仪器及试剂

（一）主要仪器

100 mL 三颈圆底烧瓶、恒压漏斗、回流冷凝管、干燥管、圆底烧瓶、蒸馏头、直形冷凝管、尾接管、锥形瓶、温度计、分液漏斗、抽滤装置、磁力搅拌器、搅拌子、量筒、电吹风。

（二）主要试剂

溴苯、镁条、碘、二苯酮、苯甲酸乙酯、乙醚、乙醇、石油醚、氯化铵。

四、实验步骤

（1）如图 4.7 所示，在 100 mL 三颈瓶上分别装置回流冷凝管和恒压滴液漏斗，在冷凝管的上口装置氯化钙干燥管。在反应瓶中加入 0.53 g 剪碎的镁条，恒压漏斗中分别加入 3.2 g 溴苯和 15 mL 无水乙醚。从恒压漏斗滴入少许混合液于反应瓶中（浸没镁条），然后加入一小粒碘引发反应。开动搅拌器，继续滴加其余的混合液，控制滴加速度，维持反应呈微沸状态。如果发现反应液呈黏稠状，则补加适量的无水乙醚、滴加完毕，温水浴回流至镁条反应完全。

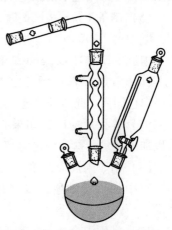

图 4.7　三苯甲醇制备装置图

（2）把反应瓶置于冰水浴中，搅拌下从恒压漏斗中慢慢滴加 3.1 g 二苯酮和 15 mL 无水乙醚的混合液。滴加完毕，回流下搅拌 30 min，使反应完全。反应瓶置于冰水浴中，搅拌下从恒压漏斗中慢慢滴加 20 mL 饱和氯化铵溶液，以分解加成产物而生成三苯甲醇。在通风橱中，用分液漏斗分出乙醚层，水相用乙醚萃取（2×15 mL），合并有机相，无水硫酸钠干燥。

（3）把有机相转移到蒸馏瓶中，温水浴蒸馏，待瓶中有大量白色固体析出（乙醚未蒸干），加入 15 mL 石油醚，浸泡片刻，抽滤除去未反应的溴苯及联苯等副产物，得粗产品。热水浴条件下，用 20 mL 石油醚-95%乙醇（2∶1）对粗产品重结晶，再滴加 95%乙醇至粗产品完全溶解，室温下自然冷却，有大量白色块状晶体析出。抽滤，石油醚洗涤，干燥，得纯品，产量约 2.5 g（产率约 56%），熔点为 164.2 ℃。

【注意事项】

（1）使用仪器及试剂必须干燥：三颈瓶、滴液漏斗、球形冷凝管、干燥管、量筒等预先干燥；乙醚经金属钠干燥后蒸馏备用。

（2）在装干燥管时，先在干燥管球体下支管口塞上脱脂棉（以防干燥剂落入冷凝管），再加入粒状的氯化钙颗粒（若是粉末易使整个装置呈密闭状态，产生危险）。

（3）镁条必须用砂纸充分擦拭，去掉表面氧化物至光亮，并且用剪刀剪成2~3 mm长，在整个过程中不能直接用手接触镁条，避免再引起氧化。

（4）引发反应时，所用碘的量不能太大，以1/3粒米大小为宜，否则，碘颜色无法消失，得到产品为棕红色，也易产生副反应。在碘引发反应过程中，不要开动搅拌器，确保局部碘浓度较大，保证反应能较快引发。如果室温较低，引发困难，可以用温水浴或电吹风温热。

（5）制备Grigand试剂时，滴加速度不能太快，否则反应过于剧烈不易控制，增加副产物的生成。所制备的Grigand试剂为混浊有色溶液，若为澄清，可能瓶中进水没制好Grigand试剂。

（6）滴加二苯甲酮乙醚溶液后，应注意反应液颜色的变化：原色→玫瑰红→白色固体。此步是关键，若无玫瑰红色出现，此实验很可能已失败，需重做。

（7）淬灭反应时，如果有氢氧化镁不能被溶解，并有少量镁条未反应完，可以加入少量稀盐酸使之溶解。

（8）由于未反应的溴苯及联苯等副产物可以溶于石油醚而被除去，可以在粗产物中加入石油醚，浸泡片刻，抽滤得到粗产品。水蒸气蒸馏也可以纯化产品。

（9）在用混合溶剂进行重结晶时，先加入适量的95%乙醇，加热回流使三苯甲醇粗产品溶解，慢慢加入热的石油醚（90~120 ℃）至刚好出现混浊，加热搅拌混浊不消失时，再小心滴加95%乙醇直至溶液刚好变清，放置结晶。如果已知两种溶剂的比例，也可事先配好混合溶剂，按照单一溶剂重结晶的方法进行。本实验中的溶剂石油醚-95%乙醇的比例约为2：1。

五、思考题

（1）本实验的成败关键何在，为什么，为此采取什么措施？

（2）本实验中溴苯滴加太快或者一次加入，有何影响？

实验二十　二苯甲醇的制备

一、实验目的

（1）掌握酮还原制备醇的方法和机理。

（2）熟悉回流、重结晶等的基本操作。

二、实验原理

实验原理：

$$
\begin{array}{c}
\text{(二苯甲酮)} \xrightarrow[\text{2. H}_3^+\text{O}]{\text{1. NaBH}_4} \text{(二苯甲醇)}
\end{array}
$$

$$
\text{Na}^+\text{B}\overset{-}{\text{H}}_4 + \underset{\text{Ph}}{\text{Ph}}\text{C=O} \longrightarrow \text{Na}^+\overset{-}{\text{B}}(\text{O-CH}\overset{\text{Ph}}{\underset{\text{Ph}}{}})_4
$$

$$
\text{Na}^+\overset{-}{\text{B}}(\text{O-CH}\overset{\text{Ph}}{\underset{\text{Ph}}{}})_4 + 3\text{H}_2\text{O} + \text{H}^+ \longrightarrow 4\ \underset{\text{Ph}\ \ \text{Ph}}{\overset{\text{OH}}{\text{CH}}} + \text{B(OH)}_3
$$

三、仪器及试剂

（一）主要仪器
圆底烧瓶（100 mL 1 个）、水银温度计（150 ℃ 1 支）、回流管（1 个）、吸滤瓶（1 个）、布氏漏斗（1 个）、水泵、TLC 板。

（二）主要试剂
二苯甲酮、NaBH₄、环己烷、乙酸乙酯、10% HCl。

四、实验步骤

（1）如图 4.8 所示，在装有回流冷凝管的100 mL 的圆底烧瓶中，加入 3.66 g 二苯酮和 16 mL 甲醇，摇动使其溶解。迅速称取 0.46 g 硼氢化钠加入瓶中，摇动使其溶解。反应物自然升温至沸腾，然后室温下放置 20 min，并不时振荡。

（2）加入 6 mL 水，在水浴上加热至沸腾，保持 5 min。冷却，析出结晶。抽滤，粗品干燥后用石油醚（沸程 60~90 ℃，每克粗品约需 3 mL 石油醚）重结晶。

【注意事项】
硼氢化钠或氢化锂铝负氢还原剂是比（Zn + ROH）强的还原剂，在操作上，前者形成了均相溶液，不用过滤；后者仍有部分金属锌还原剂未溶解，需要过滤除掉。另外，后者在碱性条件下进

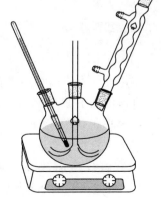

图 4.8　二苯甲醇制备装置图

行，需要用酸中和才能析出产物结晶。

五、思考题

用硼氢化钠还原，反应后加水并加热至沸的目的是什么？

实验二十一　　乙醚的制备

一、实验目的

（1）掌握实验制备乙醚的原理和方法。
（2）初步掌握低沸点易燃物蒸馏的操作要点。

二、实验原理

醚能溶解多数的有机化合物，有些有机反应必须在醚类中进行（如 Grignard 反应），因此醚是有机合成中常用的溶剂。

制备乙醚的反应式：

$$CH_3CH_2OH \longrightarrow CH_3CH_2OCH_2CH_3$$

三、仪器及试剂

（一）主要仪器
三颈烧瓶（100 mL）、滴液漏斗、分液漏斗、温度计、直形冷凝管、接引管、接收器、蒸馏头。
（二）主要试剂
乙醇、浓 H_2SO_4、5% NaOH、饱和 NaCl、$CaCl_2$（饱和）、无水 $CaCl_2$。

四、实验步骤

（1）如图 4.9 所示，在一干燥的 100 mL 三颈烧瓶中，放入 12 mL 95%乙醇，在冷水浴冷却下边摇动边缓慢加入 12 mL 浓硫酸，使混合均匀，并加入 2 粒沸石。在滴液漏中加入 25 mL 95%乙醇，漏斗脚末端和水银球必须浸没在液面以下，距离平底 0.5~1 cm 处。用作接收器的烧瓶应该小心浸没入冰水浴中冷却，接引管的支管接上橡皮管通入下水道或室外。

（2）将反应瓶放在石棉网上加热，使反应液的温度比较迅速地上升到 140 ℃，开始由滴液漏斗慢慢滴加 95%乙醇，控制滴入速度与流出速度大致相等（每秒约 1 滴），并保持温度在 135~140 ℃之间。待乙醇加完（约需 45 min），继

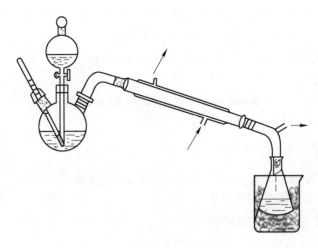

图4.9　乙醚制备装置图

续小火加热10 min，直到温度上升到160 ℃为止。关闭热源，停止反应。

（3）将馏出物倒入分液漏斗中，依次用8 mL 5%氢氧化钠溶液、8 mL饱和食盐洗涤，最后再用8 mL饱和氯化钙溶液洗涤2次，充分静置后将下层氯化钙溶液分出，从分液漏斗上口把乙醚倒入干燥的50 mL锥形瓶中，用3g块状无水氯化钙干燥。待乙醚干燥后，通过长颈漏斗把乙醚倒入25 mL蒸馏烧瓶中，投入2~3粒沸石，装好蒸馏装置，在热水浴上加热蒸馏，收集33~38 ℃的馏分。乙醚为无色易挥发的液体，沸点为34.5 ℃，相对密度为0.7137。

【注意事项】

（1）在140 ℃时有乙醚馏出。这时滴入乙醇的速度宜与乙醚馏出速度大致相等，若滴加过快，不仅乙醇未作用就被蒸出，且使反应液温度骤然下降，减少乙醚的生成。

（2）使用或精制乙醚的实验台附近严禁有火种，所以当反应完成拆下作接收器的蒸馏烧瓶之前必须先灭火，同样，在精制乙醚时的热水浴，在别处预先加热好热水或用恒温水浴锅，使其达到所需的温度，决不能一边用明火加热一边蒸馏。

（3）用饱和食盐水洗去残留在粗乙醚中的碱及部分乙醇，以免在用饱和氯化钙溶液洗涤时析出氢氧化钙沉淀。用饱和食盐水洗涤，可以降低乙醚在水中的溶解度。

五、思考题

（1）制备乙醚时，为什么将滴液漏斗的末端浸入反应液中？如果不浸没反应液中，将会导致什么后果？

（2）本实验中，如何把混在粗制乙醚里的杂质——除去，应采取哪些措施？

（3）反应温度过高或过低对反应有什么影响？

（4）蒸馏和使用乙醚时，应注意哪些事项？为什么？

实验二十二　正丁醚的制备

一、实验目的

（1）掌握醇分子间脱水制醚的反应原理和实验方法。

（2）学习分水器的实验操作。

（3）巩固分液漏斗的实验操作。

二、实验原理

反应式：

$$2C_4H_9OH \longrightarrow C_4H_9-O-C_4H_9 + H_2O$$

副反应：

$$CH_3CH_2CH_2CH_2OH \longrightarrow C_2H_5CH = CH_2 + H_2O$$

三、仪器及试剂

（一）主要仪器

100 mL 三颈瓶、球形冷凝管、分水器、温度计、分液漏斗、25 mL 蒸馏瓶。

（二）主要试剂

正丁醇、浓硫酸、无水氯化钙、5%氢氧化钠、饱和氯化钙。

四、实验步骤

（1）如图 4.10 所示，在 100 mL 三颈烧瓶中，加入 12.5 g（15.5 mL）正丁醇和约 4 g（2.2 mL）浓硫酸，摇动使混合均匀，并加入几粒沸石。在三颈瓶的一瓶口装上温度计，另一瓶口装上分水器，分水器上端接回流冷凝管。

（2）在分水器中放置（$V-2$）mL 水，然后将烧瓶在石棉网上用小火加热，回流。继续加热到瓶内温度升高到 134~135 ℃（约需 20 min）。待分水器已全部被水充满时，表示反应已基本完成。冷却反应物，将它连同分水器里的水一起倒入内盛 25 mL 水的分液漏斗中，充分振摇，静止，分出产物粗制正丁醚。

（3）用两份 8 mL 50%硫酸洗涤两次，再用10 mL 水洗涤一次，然后用无水氯化钙干燥。干燥后的产物倒入蒸馏烧瓶中，蒸馏收集 139~142℃ 馏分，产量为 5~6 g，产率约为 50%。纯正丁醚为无色液体，沸点为 142 ℃。

【注意事项】

（1）加料时，正丁醇和浓硫酸如不充分摇动混匀，硫酸局部过浓，加热后易使反应溶液变黑。

（2）按反应式计算，生成水的量约为 0.8 g，但是实际分出水的体积要略大于理论计算量，因为有单分子脱水的副产物生成。

（3）本实验利用恒沸混合物蒸馏方法，采用分水器将反应生成的水层上面的有机层不断流回到反应瓶中，而将生成的水除去。在反应液中，正丁醚和水形成恒沸物，沸点为 94.1 ℃，含水 33.4%。正丁醇和水形成恒沸物，沸点为 93 ℃，含水 45.5%。正丁醚和正丁醇形成二元恒沸物，沸点为 117.6 ℃，含正丁醇 82.5%。此外正丁醚还能和正丁醇、水形成三元恒沸物，沸点为 90.6 ℃，含正丁醇 34.6%，含水 29.9%。这些含水的恒沸物冷凝后，在分水器中分层。上层主要是正丁醇和正丁醚，下层主要是水。利用分水器可以使分水器上层的有机物流回反应器中。

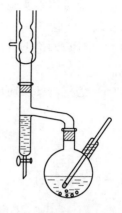

图 4.10　正丁醚制备装置图

（4）反应开始回流时，因为有恒沸物的存在，温度不可能马上达到 135 ℃。但随着水被蒸出，温度逐渐升高，最后达到 135 ℃以上，即应停止加热。如果温度升得太高，反应溶液会炭化变黑，并有大量副产物丁烯生成。

（5）50%硫酸的配制方法：20 mL 浓硫酸缓慢加入 34 mL 水中。

（6）正丁醇能溶于 50%硫酸，而正丁醚溶解很少。

（7）本实验根据理论计算失水体积为 1.5 mL，故分水器放满水后先放掉 1.7 mL 水。

（8）制备正丁醚的较宜温度是 130~140 ℃，但开始回流时，这个温度很难达到，因为正丁醚可与水形成共沸点物（沸点 94.1 ℃，含水 33.4%）；另外，正丁醚与水及正丁醇形成三元共沸物（沸点 90.6 ℃，含水 29.9%，正丁醇 34.6%），正丁醇也可与水形成共沸物（沸点 93 ℃，含水 44.5%），故应在 100~115 ℃之间反应半小时之后可达到 130 ℃以上。

（9）在碱洗过程中，不要太剧烈地摇动分液漏斗，否则生成乳浊液，分离困难。

（10）正丁醇溶在饱和氯化钙溶液中，而正丁醚微溶。

五、思考题

（1）如何得知反应已经比较完全？

（2）反应物冷却后为什么要倒入 25 mL 水中，各步的洗涤目的何在？

（3）能否用本实验方法由乙醇和 2-丁醇制备乙基仲丁基醚？你认为用什么方法比较好？

（4）计算理论上分出的水量。若实验中分出水的量超过理论数值，分析其原因。

（5）怎样得知反应已经比较完全了？

实验二十三　β-萘乙醚的制备

一、实验目的

（1）了解用 β-萘酚和溴乙烷在乙醇中反应来制备 β-萘乙醚。

（2）复习重结晶、减压蒸馏等基本操作。

二、实验原理

主反应：

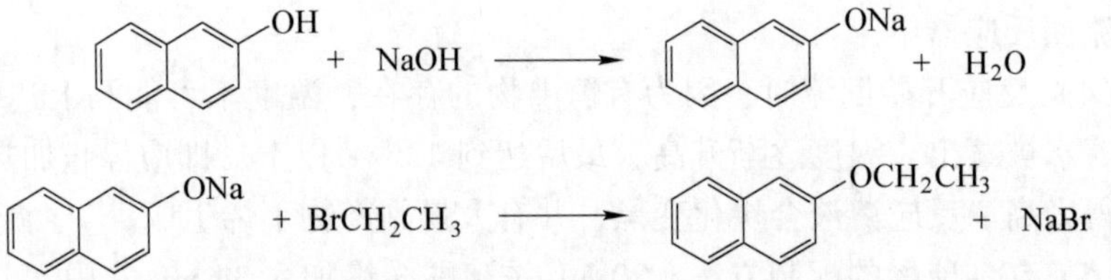

副反应：

$$BrCH_2CH_3 + H_2O \xrightarrow{NaOH} HOCH_2CH_3$$

$$BrCH_2CH_3 \xrightarrow[HOCH_2CH_3]{NaOH} CH_2{=}CH$$

三、仪器及试剂

（一）主要仪器

烧杯（200 mL、100 mL）、循环水真空泵、抽滤瓶、布氏漏斗、圆底烧瓶（100 mL）、电热套、锥形瓶（100 mL）、球形冷凝管、表面皿。

（二）主要试剂

乙醇（95%）、氢氧化钠、无水乙醇、β-萘酚、溴乙烷。

四、实验步骤

（1）如图 4.11 所示，在干燥的 100 mL 圆底烧瓶中，加入 5 g β-萘酚、30 mL 无水乙醇和 1.6 g 研细的氢氧化钠，在振摇下加入 3.2 mL 溴乙烷。安装普通回流装置，用水浴加热回流 1.5 h。

（2）稍冷后，拆除装置。在搅拌下，将反应混合液倒入盛有 200 mL 冷水的烧杯中，在冰-水浴中冷却后减压过滤。用 20 mL 冷水分两次洗涤沉淀。

（3）将沉淀移入 100 mL 圆底瓶中，加入 20 mL 95% 乙醇溶液，装上回流冷凝管，在水浴中加热，保持微沸 5 min，撤去水浴，待冷却后，拆除装置。将圆底瓶置于冰-水浴中充分冷却后，抽滤。滤饼移至表面皿上，自然晾干后，称量质量并计算产率。

【注意事项】

（1）溴乙烷和 β-萘酚都是有毒物品，应避免吸入其蒸气或直接与皮肤接触。

（2）加热时，水浴温度不宜太高，以保持反应液微沸即可，否则溴乙烷可能逸出。

（3）重结晶加热回流时，乙醇易挥发，所以应装上回流冷凝管。

（4）析出结晶时，要充分冷却，使结晶完全析出，减少产品损失。

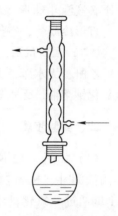

图 4.11　β-萘乙醚
制备装置图

五、思考题

（1）威廉逊合成反应为什么要使用干燥的玻璃仪器？会增加何种副产物的生成？

（2）可否用乙醇和 β-溴萘制备 β-萘乙醚？为什么？

实验二十四　Friedel-Crafts 酰化法制备苯乙酮

一、实验目的

（1）学习傅-克（Friedel-Crafts）酰基化制备芳酮的原理和方法。
（2）初步掌握无水操作、吸收、搅拌、回流、滴加等基本操作。

二、实验原理

Friedel-Crafts 酰基化反应是制备芳酮的重要方法之一，酰氯、酸酐是常用的酰基化试剂，无水 $FeCl_3$、BF_3、$ZnCl_2$ 和 $AlCl_3$ 等路易斯酸作催化剂，分子内的酰基化反应还可以用多聚磷酸（PPA）作催化剂，酰基化反应常用过量的芳烃、二硫化碳、硝基苯、二氯甲烷等作为反应的溶剂。

苯和乙酐制备苯乙酮的反应方程式如下：

$$\text{（苯环）} + (CH_3CO)_2O \xrightarrow{\text{无水 } AlCl_3} \text{（苯环-COCH}_3) + CH_3COOH$$

三、仪器及试剂

（一）主要仪器

电炉、水浴锅、机械搅拌器、四氟搅拌套塞玻璃搅拌、三颈烧瓶（100 mL）、恒压滴液漏斗球形冷凝管、直形干燥管、分液漏斗、圆底烧瓶、蒸馏头、温度计、直形冷凝管、空气冷凝管、锥形瓶。

（二）主要试剂

乙酐、无水苯、无水三氯化铝、无水氯化钙、5%氢氧化钠溶液、浓盐酸、氢氧化钠溶液、无水硫酸镁。

四、实验步骤

（1）如图 4.12 所示，向装有 10 mL 恒压滴液漏斗、机械搅拌装置和回流冷凝管（上端通过一氯化钙干燥管与氯化氢气体吸收装置相连）的 100 mL 三颈烧瓶中迅速加入 13 g 粉状无水三氯化铝和 16 mL（约 14 g，0.18 mol）无水苯。

（2）在搅拌下将 4 mL 乙酐自滴液漏斗慢慢滴加到三颈烧瓶中，控制乙酐的滴加速度以使三颈烧瓶稍热为宜。加完后（约 10 min），待反应稍和缓后在沸水浴中搅拌回流，直到不再有氯化氢气体逸出为止。

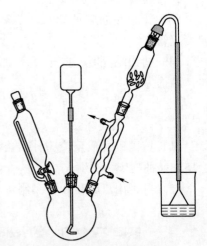

图 4.12　苯乙酮制备装置图

（3）将反应混合物冷却到室温，在搅拌下倒入 18 mL 浓盐酸和 30 g 碎冰的烧杯中（在通风橱中进行），若仍有固体不溶物，可补加适量浓盐酸使之完全溶解。将混合物转入分液漏斗中，分出有机层，水层用苯萃取两次（每次 8 mL）。合并有机层，依次用 15 mL 10%氢氧化钠、15 mL 水洗涤，再用无水硫酸镁干燥。

（4）先在水浴上蒸馏回收苯，然后在石棉网上加热蒸去残留的苯，稍冷后改用空气冷凝管蒸馏收集 195~202 ℃馏分，产量约为 4.1 g（产率 85%）。纯苯乙酮为无色透明油状液体，沸点为 202 ℃，熔点为 20.5 ℃。

【注意事项】

（1）滴加苯乙酮和乙酐混合物的时间以 10 min 为宜，滴得太快温度不易控制。

（2）无水三氯化铝的质量是本实验成败的关键，以白色粉末打开盖冒大量的烟、无结块现象为好。若大部分变黄则表明已水解，不可用。

（3）AlCl₃要研碎，速度要快。

（4）加入稀 HCl 时，开始慢滴，后渐快，稀 HCl（1∶1）用量约为 140 mL。

（5）吸收装置，特别注意防止倒吸。

（6）苯以分析纯为佳，最好用钠丝干燥 24 h 以上再用。

（7）粗产物中的少量水，在蒸馏时与苯以共沸物形式蒸出，其共沸点为 69.4 ℃。

五、思考题

（1）实验过程中，颜色是如何变化的？试用化学方程式表示。

（2）在烷基化和酰基化反应中，AlCl₃ 的用量有何不同？为什么？本实验为什么要用过量的苯和 AlCl₃？

（3）反应完成后为什么要加入浓盐酸和冰水的混合物来分解产物？

（4）为什么硝基苯可作为反应的溶剂？芳环上有 OH、NH₂ 等基团存在时对反应不利，甚至不发生反应，为什么？

实验二十五 由苯酚制备邻硝基苯酚和对硝基苯酚

一、实验目的

（1）掌握酚的单硝化反应的实验方法。

（2）巩固重结晶、熔点测定、水蒸气蒸馏等实验操作。

二、实验原理

苯酚很容易硝化，与冷的稀硝酸作用即生成邻位和对位硝基苯酚的混合物，反应式如下：

实验室多用硝酸钠（或硝酸钾）与稀硫酸的混合物代替稀硝酸，以减少苯酚被硝酸氧化的可能性，并有利于增加对硝基苯酚的产量，尽管如此，仍不可避免地有部分苯酚被氧化，生成少量焦油状物质。由于邻硝基苯酚通过分子内氢键能形成六元螯合环，而对硝基苯酚只能通过分子间氢键形成缔合体，因此，邻硝

基苯酚沸点较对位的低，在水中溶解度也较对位低得多，可采用水蒸气蒸馏的方法与对位异构体分离。

三、仪器和试剂

（一）主要仪器

三颈烧瓶、温度计套管、温度计、滴液漏斗、烧杯、水浴锅、水蒸气发生器、T形管、烧瓶、直形冷凝管、真空接液管、蒸馏头、吸滤瓶、布氏漏斗。

（二）主要试剂

苯酚、硝酸钠、浓硫酸、浓盐酸。

四、实验步骤

（1）如图 4.13 所示，在 250 mL 三颈瓶中放置 30 mL 水，慢慢加入 10.5 mL 浓硫酸，再加入 11.5 g 硝酸钠。待硝酸钠全溶后，装上温度计和滴液漏斗，将三颈瓶置于冰浴中冷却。在小烧杯中称取 7 g 苯酚，并加入 2 mL 水，温热搅拌使苯酚溶解，冷却后转入滴液漏斗中。

（2）在摇荡下自滴液漏斗向三颈瓶中逐滴加入苯酚水溶液，用冰水浴控制反应温度在 10~15 ℃ 之间。滴加完毕后，保持同样温度放置 0.5 h，并时时振摇，使反应完全。此时反应液为黑色焦油状物质，用冰水浴冷却，使焦油状物固化，如长时间不固化，可向反应瓶中加入少量活性炭吸附油状物。小心倾析出酸液，固体物每次用 20 mL 水洗涤 3 次，以除去剩余的酸液。然后将黑色油状固体进行水蒸气蒸馏，直至冷凝管中无黄色油滴馏出为止。馏液冷却后粗邻硝基苯酚迅速凝成黄色固体，抽滤收集后，干燥，粗产物约 3 g，用乙醇—水混合溶剂重结晶，可得亮黄色针状晶体约 2 g，熔点为 45 ℃。

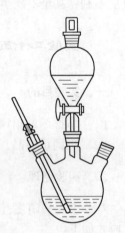

图 4.13　邻硝基苯酚和对硝基苯酚制备装置图

（3）在水蒸气蒸馏后的残液中，加水至总体积约为 80 mL，再加入 5 mL 浓盐酸和 0.5 g 活性炭，加热煮沸 10 min，趁热过滤。滤液再用活性炭脱色一次。将两次脱色后的溶液加热，用滴管将它分批滴入浸在冰水浴内的另一烧杯中，边滴加边搅拌，粗对硝基苯酚立即析出。吸滤，干燥后 2~2.5 g，用2%稀盐酸重结晶，得无色针状晶体约 1.5 g，熔点为 114 ℃。纯邻硝基苯酚的熔点为 45.3~45.7 ℃，对硝基苯酚的熔点为 114.9~115.6 ℃。本实验需 8~10 h。

【注意事项】

（1）苯酚室温时为固体（熔点 41 ℃），可用温水浴温热融化，加水可降低酚的熔点，使呈液态，有利于反应。苯酚对皮肤有较大的腐蚀性，如不慎弄到皮肤上，应立即用肥皂和水冲洗，最后用少许乙醇擦洗至不再有苯酚味。

（2）由于酚与酸不互溶，故需不断振荡使其充分接触，达到反应完全，同时可防止局部过热现象。反应温度超过 20 ℃时，硝基酚可继续硝化或被氧化，使产量降低；若温度较低，则对硝基酚所占比例有所增加。

（3）最好将反应瓶放入冰水浴中冷却，使油状物固化，这样洗涤较为方便。如反应温度较高，黑色油状物难以固化，用倾析法洗涤时，可先用滴管吸取少量酸液。残余酸液必须洗除，否则在水蒸气蒸馏过程中，由于温度升高，会使硝基苯进一步硝化或氧化。

（4）水蒸气蒸馏时，往往由于邻硝基苯酚的晶体的析出而堵塞冷凝管。此时必须调节冷凝水，让热的蒸汽通过使其熔化，然后再慢慢开大水流，以免热的蒸汽使邻硝基苯酚伴随逸出。

（5）邻硝基苯酚重结晶时，先将粗邻硝基苯酚溶于热的乙醇（40～45 ℃）中，过滤后，滴入温水至出现混浊。然后在温水浴（40～45 ℃）温热或滴入少量乙醇至清，冷却后即析出亮黄色针状的邻硝基苯酚。

（6）水蒸气蒸馏后的烧瓶内粘有黑色焦油状固体，不易洗去，可用少量10%氢氧化钠溶液洗涤，该洗液可多次使用，可转给其他同学继续使用。

五、思考题

（1）本实验有哪些可能的副反应？如何减少这些副反应的产生？

（2）试比较苯、硝基苯、苯酚硝化的难易性，并解释其原因。

（3）为什么邻硝基苯酚和对硝基苯酚可采用水蒸气蒸馏来加以分离？

（4）在重结晶邻硝基苯酚时，为什么在加入乙醇温热后常易出现油状物？如何使它消失？后来在滴加水时，也常会析出油状物，应如何避免？

（5）为什么在纯化固体产物时，总是先用其他方法除去副产物、原料和杂质后，再进行重结晶来提纯？可以在反应完后直接用重结晶来提纯吗？为什么？

实验二十六　环己酮的合成

一、实验目的

（1）掌握氧化法制备环己酮的原理和方法。

（2）掌握搅拌、萃取、盐析和干燥等实验操作及空气冷凝管的应用。

（3）掌握简易水蒸气蒸馏的方法。

二、实验原理

六价铬是将伯、仲醇氧化成醛酮的最重要和最常用的试剂，氧化反应可在酸性、碱性或中性条件下进行。铬酸是重铬酸盐与 40%~50% 硫酸的混合物。本实验采用酸性氧化，溶剂可用水、醋酸、二甲亚砜（DMSO）、二甲基甲酰胺（DMF）或它们组成的混合溶剂。本实验采用乙醚-水混合溶剂，反应式如下：

$$\text{（环己醇）—OH} + Na_2Cr_2O_7 + H_2SO_4 \longrightarrow \text{（环己酮）} = O + Na_2SO_4 + Cr_2(SO_4)_3 + H_2O$$

三、仪器及试剂

（一）主要仪器

磁力搅拌器、150 mL 烧瓶、分液漏斗、锥形瓶、烧杯、电热套、折光仪。

（二）主要试剂

环己醇、重铬酸钠、浓硫酸、乙醚、无水硫酸镁、草酸、精制食盐。

四、实验步骤

（1）将 10.5 g $Na_2Cr_2O_7$ 溶于 60 mL 水中，在搅拌下慢慢加入 9 mL 98% 浓硫酸，得一橙红色溶液，冷却至 0 ℃ 以下备用。

（2）如图 4.14 所示安装装置，于三颈瓶中加入 5.3 mL（0.05 mol）环己醇和 25 mL 乙醚，摇匀且冷却至 0 ℃。开动搅拌，将冷却至 0 ℃ 的 50 mL 铬酸溶液从恒压漏斗中滴入三颈瓶中。加完后保持反应温度在 55~60 ℃ 之间继续搅拌 20 min 后，加入 1.0 g 的草酸，使反应完全，反应液呈墨绿色。

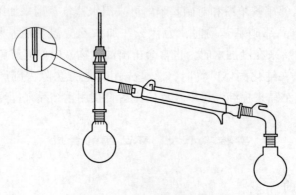

图 4.14　环己酮合成装置图

（3）将反应混合物用 NaCl 饱和，转移到分液漏斗中分出醚层，水层乙醚萃取两次（每一次 12.5 mL），将 3 次的醚层合并，用 12.5 mL 5% Na_2CO_3 溶液洗涤 1 次，然后用 12.5 mL×4 水洗涤。用无水 Na_2SO_4 干燥，过滤到烧瓶中。

（4）用 50~55 ℃ 蒸去乙醚。如图 4.14 所示改为空气冷凝蒸馏装置，再加热蒸馏，收集 152~155 ℃ 馏分。称重、计算产率。纯环己酮为无色透明液体，沸点为 155.7 ℃。

【注意事项】

（1）浓 H_2SO_4 的滴加要缓慢，注意冷却。

（2）铬酸氧化醇是一个放热反应，实验中必须严格控制反应温度以防反应过于剧烈。反应中控制好温度，温度过低反应困难，过高则副反应增多。

（3）在第一次分层时，由于上下两层都带深棕色，不易看清其界线，可加少量乙醚或水，则易看清。

（4）乙醚容易燃烧，必须远离火源。

（5）铬酸溶液具有较强的腐蚀性，操作时多加小心，不要溅到衣物或皮肤上。

（6）环己酮和水可形成恒沸物（90 ℃，约含环己酮 38.4%），使其沸点下降，用无水 Na_2SO_4 干燥时一定要完全。

五、思考题

（1）本实验的氧化剂能否改用硝酸或高锰酸钾？为什么？

（2）蒸馏产物时为何使用空气冷凝管？

（3）盐析的作用是什么？

（4）能否用铬酸氧化法把 2-丁醇和 2-甲基-2-丙醇区别开？说明原因，并写出有关反应式。

实验二十七　己二酸的合成

一、实验目的

（1）学习用硝酸氧化环己醇制备己二酸的原理和方法。

（2）掌握尾气吸收、过滤、等操作技术。

二、实验原理

硝酸和高锰酸钾都是强氧化剂，由于其氧化的选择性较差，故硝酸主要用于羧酸的制备，高锰酸钾氧化的应用范围较硝酸广些，它们都可以将环己醇直接氧化为己二酸。

本实验以 50% 硝酸为氧化剂，并以（偏）钒酸铵为催化剂，氧化环己醇至环己酮，后者再通过烯醇式被氧化开环而生成己二酸，反应式如下：

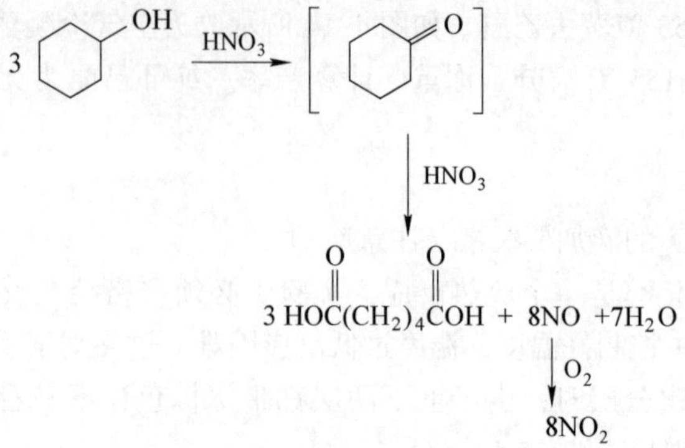

在反应过程中产生的一氧化氮极易被空气中的氧气氧化成二氧化氮气体，用碱液吸收。

三、仪器及试剂

（一）主要仪器

圆底烧瓶、烧杯、量筒、直形冷凝管、尾接管、蒸馏头、温度计、电热套、抽滤瓶、布氏漏斗、真空泵、蒸发皿、表面皿、分液漏斗、玻璃棒、石棉网、铁架台、酒精灯。

（二）主要试剂

浓 H_2SO_4、$Na_2Cr_2O_7$、$H_2C_2O_4$、$NaCl$、无水 $MgSO_4$、$KMnO_4$、$NaOH$ 10%，Na_2SO_3。

四、实验步骤

（1）如图 4.15 所示，在反应瓶中加入 6 mL 50% 的硝酸和少许钒酸铵，水浴加热至 50 ℃后移去水浴，缓慢滴加 5~6 滴环己醇，摇动至反应开始，即有红棕色二氧化氮气体放出，维持反应温度 50~60 ℃。

（2）将剩余的环己醇滴加完毕，总量为 2 mL。加完后继续振荡，并用 80~90 ℃水浴加热 10 min。无红棕色气体逸出，反应即结束。将反应液倒入 50 mL 烧杯中，冷却，结晶，抽滤，3 mL 水洗，2 mL 石油醚分两次洗，干燥，称重，纯己二酸为白色晶体。

【注意事项】

（1）浓硝酸和环己醇切不可用同一个量筒取用，以防两者相遇剧烈反应发生爆炸。建议两位学生合用两个量筒。

（2）钒酸铵不可多加，否则产品发黄，不加钒酸铵也可以。

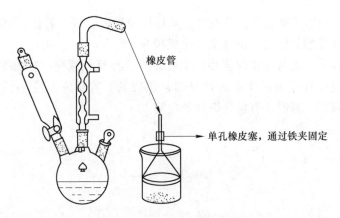

图 4.15　己二酸合成装置图

（3）实验中要同时监测水浴温度和反应液的温度。

（4）为防止反应过快，环己醇要慢加，并注意控温，防止太多有毒的二氧化氮气体产生，来不及被碱液吸收而外逸到空气中。另外，环己醇的熔点为25.15 ℃，通常为黏稠的液体。为了减少转移的损失，可用少量水冲洗量筒，并入滴液漏斗中，这样既降低了环己醇的凝固点，也可避免漏斗堵塞。

（5）反应结束后，装置中还有残留的二氧化氮气体，拆卸装置应在通风橱内进行。

五、思考题

（1）为什么反应必须严格控制环己醇的滴加速度，为什么在反应过程中要保持反应物处于沸腾状态？

（2）为什么有些实验在加入最后一个反应物前应预先加热？

（3）为什么一些反应剧烈的实验，开始时的加料速度放得较慢，等反应开始后，反而可适当加快加料速度？

实验二十八　苯甲酸的制备

一、实验目的

（1）学习苯环支链上的氧化反应。

（2）掌握减压过滤和重结晶提纯的方法。

二、实验原理

氧化反应是制备羧酸的经常使用方式。芳香族羧酸通经常使用氧化含有

α-H 的芳香烃的方式来制备。芳香烃的苯环比较稳固，难于氧化，而环上的支链不论长短，在强烈氧化时，最终都氧化成羧基。

制备羧酸采纳的都是比较强烈的氧化条件，而氧化反应一样都是放热反应，因此操作反应在合适的温度下进行是非常重要的。若反应失控，不但要破坏产物，使产率降低，有时还有发生爆炸的危险。

主反应：

$$\text{CH}_3\text{—C}_6\text{H}_5 + \text{KMnO}_4 \longrightarrow \text{COOK—C}_6\text{H}_5$$

$$\text{COOK—C}_6\text{H}_5 + \text{HCl} \longrightarrow \text{COOH—C}_6\text{H}_5 + \text{KCl}$$

三、仪器和试剂

（一）主要仪器
天平、量筒、圆底烧瓶、冷凝管、电炉、布氏漏斗、抽滤瓶。

（二）主要试剂
甲苯、高锰酸钾、浓盐酸、沸石、活性炭。

四、实验步骤

（1）如图 4.16 所示，在安装有电动搅拌器、回流冷凝管的 250 mL 三颈圆底烧瓶中放入甲苯和 70 mL 水，加热至沸。从冷凝管上口分批加入高锰酸钾；黏附在冷凝管内壁的高锰酸钾最后用 25 mL 水冲洗入瓶内。

（2）继续煮沸并间歇摇动烧瓶，直到甲苯层几乎近于消失、回流液再也不显现油珠（需 4~5 h）。将反应混合物趁热减压过滤，用少量热水洗涤滤渣（MnO$_2$）。归并滤液和洗涤液，于冰水浴中冷却，然后用浓盐酸酸化（刚果红试纸查验），至苯甲酸析出完全。

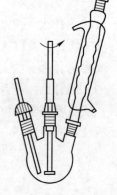

图 4.16 苯甲酸制备装置图

（3）将析出的苯甲酸减压过滤，用少量冷水洗涤，挤压去水分。把制得的苯甲酸放在滚水浴上干燥。

（4）假设要取得纯净产品，可在水中进行重结晶。纯净的苯甲酸为白色片状或针状晶体。

五、思考题

（1）用高锰酸钾氧化甲苯制备苯甲酸时，如何判定反应的终点？

（2）若是甲苯没有被全数氧化成苯甲酸，残留在苯甲酸中的甲苯如何除去？

（3）在氧化反应中，阻碍苯甲酸产量的主要因素是哪些？

（4）反应完毕后，若是滤液呈紫色，为什么要加亚硫酸氢钠？

实验二十九　呋喃甲醇与呋喃甲酸的制备

一、实验目的

（1）学习 Cannizaro 歧化的合成方法及反应原理。

（2）学习使用分液漏斗进行液-液萃取的操作方法。

（3）学习固体化合物的析出及过滤、干燥等操作。

二、实验原理

Cannizzaro 反应是指不含 α-氢的醛，在强碱存在下，进行自身的氧化还原反应，一分子醛被氧化成酸，另一分子醛被还为醇。反应式如下：

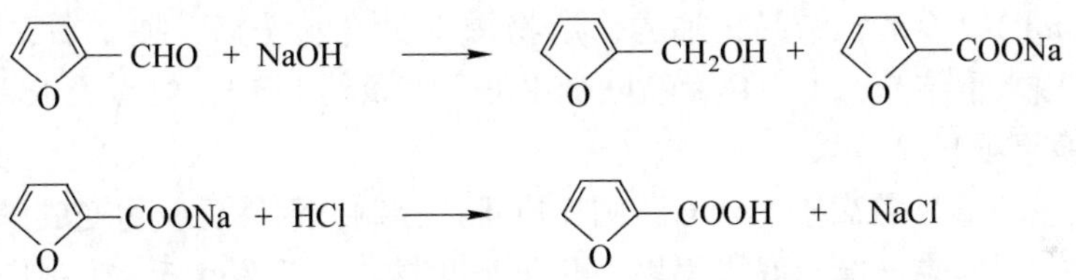

呋喃甲醛又名糠醛，是一种非常常用的工业原料。由戊糖与稀酸作用经水解、脱水和蒸馏而得到。工业上从玉米秆和谷壳中提取，在光、热、空气和无机酸作用下，颜色变为黄色，发生树脂化。

三、仪器和试剂

（一）主要仪器

烧杯、温度计、量筒、分液漏斗、烧瓶、直形冷凝管、蒸馏头、滴液漏斗。

（二）主要试剂

3.28 mL 呋喃甲醛、1.6 g 氢氧化钠、乙醚、盐酸、无水硫酸镁、刚果红试纸。

四、实验步骤

（1）在 50 mL 烧杯中加入 3.28 mL 呋喃甲醛，并用冰水冷却；另取 1.6 g 氢氧化钠溶于 2.4 mL 水中，冷却。

（2）如图 4.17 所示，在搅拌下滴加氢氧化钠水溶液于呋喃甲醛中。滴加过程必须保持反应混合物温度在 8~12 ℃ 之间，加完后，保持此温度继续搅拌 40 min，得一黄色浆状物。

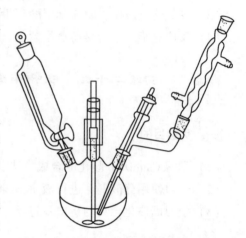

（3）在搅拌下向反应混合物加入适量水（约 5 mL）使其恰好完全溶解得暗红色溶液，将溶液转入分液漏斗中，用乙醚萃取（3 mL ×4），合并乙醚萃取液，用无水硫酸镁干燥后，先在水浴中蒸去乙醚，然后在石棉网上加热蒸馏，收集 169~172 ℃ 馏分，产量为 1.2~1.4 g，纯粹呋喃甲醇为无色透明液体，沸点为 171 ℃。

图 4.17 呋喃甲醇与呋喃甲酸制备装置图

（4）在乙醚提取后的水溶液中慢慢滴加浓盐酸，搅拌，滴至刚果红试剂变蓝（约 1 mL），冷却，结晶，抽滤，产物用少量冷水洗涤，抽干后，收集粗产物，然后用水重结晶，得白色针状呋喃甲酸，产量约 1.5 g，熔点为 130~132 ℃。

【注意事项】

（1）反应温度若高于 120 ℃，则反应难以控制，致使反应物变成深红色；若温度过低，则反应过慢，可能积累一些氢氧化钠。一旦发生反应，则过于猛烈，增加副反应，影响产量及纯度。由于氧化还原是在两相间进行的，因此必须充分搅拌。

（2）呋喃甲醇也可用减压蒸馏收集 88 ℃/4.666 kPa 的馏分。

（3）酸要加够，以保证 pH = 3 左右，使呋喃甲酸充分游离出来，这影响呋喃甲酸收率的关键。

（4）蒸馏回收乙醚，注意安全。

五、思考题

（1）乙醚萃取后的水溶液用盐酸酸化，为什么要用刚果红试纸？如不用刚果红试纸，怎样知道酸化是否恰当？

（2）本实验根据什么原理来分离呋喃甲酸和呋喃甲醇？

实验三十 乙酸乙酯的合成

一、实验目的

（1）学习制备乙酸乙酯的方法。

（2）学习滴液漏斗的使用方法。

（3）学习盐析的原理和方法。

（4）基本掌握常用玻璃仪器的装配和拆卸的技能。

二、实验原理

主反应：

$$CH_3COOH + CH_3CH_2OH \underset{\triangle}{\overset{H_2SO_4}{\rightleftharpoons}} CH_3COOC_2H_5 + H_2O$$

副反应：

$$2CH_3CH_2OH \underset{\triangle}{\overset{H_2SO_4}{\longrightarrow}} C_2H_5{-}O{-}C_2H_5 + H_2O$$

三、仪器和试剂

（一）主要仪器

三颈烧瓶、滴液漏斗、温度计、蒸馏头、直形冷凝管、接收管等。

（二）主要试剂

15g 或 14.3 mL 冰醋酸、23 mL 95%乙醇、浓硫酸、饱和碳酸钠溶液、饱和食盐水、饱和氯化钙溶液、无水碳酸钾（或无水硫酸镁）。

四、实验步骤

（1）如图 4.18 所示，在 125 mL 蒸馏瓶上配置一个双孔塞子（也可用三颈瓶代替蒸馏瓶，这样可以不打开双孔塞子）。一孔插入一支 200～250 ℃的温度计，温度计的水银球要伸到离瓶底约 2 mm 处。另一孔插入一根末端有钩形弯头的玻璃管，弯头也要伸到距瓶底约 2 mm 处。玻璃管的上端通过一段橡皮管与滴液漏斗相连接。蒸馏瓶的侧管连接冷凝管与接引管，接引管伸入外面用冰水冷却的锥形瓶中。

（2）在蒸馏瓶中加入 3 mL 乙醇，并在不断振荡和冷却下，滴入 3 mL 浓硫酸。在滴液漏斗中加入 20 mL 乙醇和 14.3 mL 冰醋酸的混合液。然后用小火加热蒸馏瓶。当混合物的温度达到 120 ℃左右时，开始滴加乙醇和冰醋酸混合液，调节加料速度使其和蒸出乙酸乙酯的速度大致相等，同时保持反应混合物的温度在 120~125 ℃ 之间。加完全部混合液约需 90 min。再继续加热 10 min，直到无液体馏出为止。

（3）反应完成后，首先拆下接收产品的接收瓶，塞上塞子，再按要求拆除制备装置。然后在不断振荡下向接收产品的接收瓶中慢慢加入饱和碳酸钠溶液，直到无二氧化碳气体逸出后，再多加 1~3 滴。将混合液倒入分液漏斗中，分出碱液

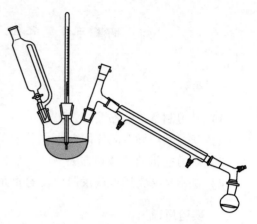

图 4.18　乙酸乙酯制备及蒸馏装置图

后，用等体积的饱和食盐水溶液洗涤。放出下层食盐溶液，再用等体积的饱和氯化钙溶液洗涤酯层两次。

（4）将粗乙酸乙酯倒入一个 50 mL 干燥的锥形瓶中，加入 3~5 g 无水碳酸钾干燥，干燥时间约 3 min，其间要间歇振荡。通过长颈漏斗小心地把干燥的粗乙酸乙酯倒入 50 mL 的蒸馏烧瓶中，用水浴加热蒸馏。收集 74~79 ℃ 的馏分，称量，测定折光率。产量为 14.5~16.5 g，产率约 75%，纯乙酸乙酯是具有果香味的无色液体，沸点为 77.06 ℃。

【注意事项】

（1）玻璃管的弯头可阻止反应过程中产生的蒸气进入加料管内，以便顺利加料。

（2）弯管不能伸到蒸馏瓶的底部，这将会直接加热弯头，使滴入的乙醇很快汽化，导致管内压力增大，原料将难以加到蒸馏瓶中。玻璃管的弯头部分出口不要太细，否则会使原料滞留在玻璃管中。

（3）应预先将乙醇和冰醋酸混合好，否则因两者的相对密度不同，使加进去的原料不均匀，将影响产率。

（4）可保证完全中和产品中的醋酸。多余的碳酸钠在后续的洗涤过程可被除去，也可用石蕊试纸检验产品是否显碱性。

（5）饱和食盐水主要是洗除粗产品中的少量碳酸钠。产品中若带有碳酸钠，下一步用饱和氯化钙溶液洗涤时，就会生成碳酸钙沉淀，沉淀很细，悬浮于水和乙酸乙酯中，使水和乙酸的界限不清，这将给分离带来困难。饱和食盐水洗涤时，还可洗除一部分水。此外，由于饱和食盐水的盐析作用，乙酸乙酯在饱和食盐水中的溶解度比在水中小，可大大降低乙酸乙酯在洗涤时的损失。

（6）氯化钙与乙醇形成配合物而溶于饱和氯化钙溶液中，由此除去粗产品

中所含的乙醇。

（7）加入无水碳酸钾可除去产物中的水。

（8）由于乙酸乙酯与水形成沸点为 70.4 ℃的二元恒沸混合物（含水 8.1%），与乙醇形成沸点为 71.8 ℃的二元恒沸混合物（含乙醇 31.0%），乙酸乙酯、醇与水形成沸点为 70.2 ℃的三元恒沸物（含乙醇 8.4%、水 9%），如在蒸馏前不能将水和乙醇除尽，会使产率降低。

五、思考题

（1）试述制备乙酸乙酯的主要过程和仪器的装置。

（2）本实验中的硫酸起什么作用？

（3）装置中的玻璃弯管，可以用不带弯头的玻璃管代替吗？

（4）为什么乙酸乙酯的制备中要使用过量的乙醇？

（5）制备出的粗产品中，主要含有哪些杂质？如何除去它们？

（6）能否用浓氢氧化钠溶液代替饱和碳酸钠溶液来洗涤产品？

（7）用饱和氯化钙溶液洗涤，可除去何种杂质？为什么先用饱和食盐水洗涤？可以用水代替饱和食盐水吗？

实验三十一　乙酸异戊酯的合成

一、实验目的

（1）了解酯化反应的原理，掌握乙酸异戊酯的制备方法。

（2）初步掌握带有分水器的回流装置的搭建与操作。

（3）熟悉分液漏斗的使用方法，巩固回流与蒸馏的操作。

二、实验原理

乙酸异戊酯为无色透明液体，不溶于水，易溶于乙醇、乙醚等有机溶剂。它是一种香精，因具有香蕉气味，又称为香蕉油。实验室通常采用冰醋酸和异戊醇在浓硫酸的催化下发生酯化反应来制取。反应式如下：

$$
\underset{\text{乙酸}}{CH_3\overset{\overset{O}{\|}}{C}\!-\!OH} + \underset{\text{异戊醇}}{HOCH_2CH_2\overset{\overset{CH_3}{|}}{C}HCH_3} \underset{\triangle}{\overset{H_2SO_4}{\rightleftharpoons}} \underset{\text{乙酸异戊酯}}{CH_3\overset{\overset{O}{\|}}{C}\!-\!OCH_2CH_2\overset{\overset{CH_3}{|}}{C}HCH_3} + H_2O
$$

由于酯化反应是可逆的。本实验中除了让反应物中的冰乙酸过量之外，还采用了带分水器的回流装置，使反应中生成的水被及时地分出，反应向正方向进行。水与环己烷形成最低温恒沸物，加速水的分离。

三、仪器及试剂

（一）主要仪器

圆底烧瓶、铁架台、十字架、试管夹、烧杯、电炉、石棉网、玻璃棒、分水器、分液漏斗、蒸馏支管、温度计、接引管、锥形瓶、直形冷凝管、球形冷凝管、量筒、三角漏斗。

（二）主要试剂

异戊醇、冰乙酸、浓硫酸、环己烷、5%浓度的碳酸氢钠溶液、饱和氯化钠溶液、无水硫酸镁、沸石。

四、实验装置

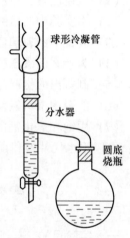

球形冷凝管

分水器

圆底烧瓶

图 4.19　乙酸异戊酯制备及蒸馏装置图

（1）如图 4.19 所示，在圆底烧瓶中加入 6.0 mL 异戊醇、4.0 mL 冰乙酸、12 滴浓硫酸、25 mL 环己烷、几粒人造沸石；分水器检漏之后加入环己烷至支管口，搭建带有分水器的回流装置，开始加热回流分水，持续加热。打开分水器的阀门，分离出沉积在环己烷液面下的水。

（2）停止加热回流，将圆底烧瓶内的溶液转移到分液漏斗，加入 25 mL 的水，振荡摇晃静置后分液。加入 5%的碳酸氢钠溶液调节溶液至中性（摇晃中要打开阀门将生成的二氧化碳气体放出），加入 5 mL 饱和氯化钠溶液，振荡，静置，分液。将分液漏斗中剩余的有机层转移到干燥的圆底烧瓶中，加入适量的无水硫酸镁除去含有的少量水分。

（3）将装有粗产品的圆底烧瓶静置，等白色沉淀物都沉淀在底部时，缓缓将上层溶液转移到干净的圆底烧瓶中，开始加热蒸馏。开始沸腾，换锥形瓶，开始收集乙酸异戊酯，停止加热。

【注意事项】

（1）滴加浓硫酸时要缓慢滴加，每加一滴要充分摇晃烧瓶防止异戊醇被氧化。

（2）加热回流时要缓慢均匀，防止反应物碳化，确保充分反应。

（3）分液漏斗使用之前要检漏，以防止洗涤时造成产品损失。

（4）碱洗时会产生二氧化碳，振荡时要不断打开阀门放气以防止溶液被气体冲出。

（5）蒸馏所用的仪器必须事先干燥过，不得将干燥剂放入蒸馏烧瓶内。

（6）冰乙酸有刺激性气味，应在通风橱中取用。

五、思考题

（1）制备乙酸异戊酯时，使用的哪些仪器必须是干燥的，为什么？

（2）分水器内为什么要事先充有一定量的水？

（3）酯化反应制得的粗酯中含有哪些杂质？是如何除去的？洗涤时能否先碱洗再水洗？

（4）酯可用哪些干燥剂干燥？为什么不能使用无水氯化钙进行干燥？

（5）酯化反应时，实际出水量往往多于理论出水量，这是什么原因造成的？

实验三十二　乙酰水杨酸（阿司匹林）的合成

一、实验目的

（1）通过乙酰水杨酸的合成，初步了解有机合成中的乙酰化学反应原理及方法。

（2）巩固减压过滤的操作。

（3）进一步掌握用重结晶的方法来提纯固体有机化合物。

二、实验原理

水杨酸是一个双官能团的化合物（具有酚羟基和羧基），因此有两种不同的酯化反应。为了合成乙酰水杨酸，采用在强酸存在下，水杨酸和过量乙酸酐反应，水杨酸的酚羟基发生酯化。反应式如下：

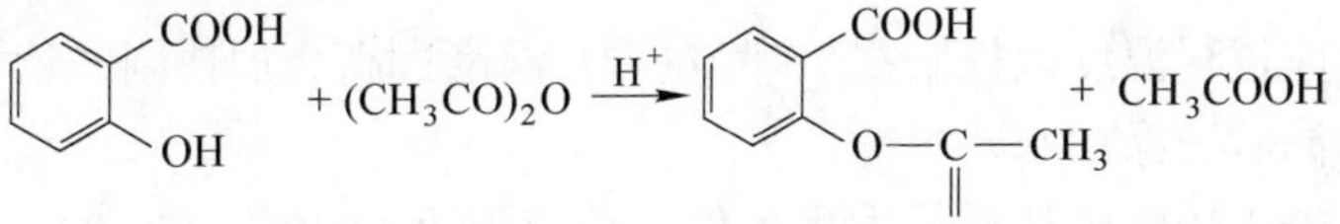

三、仪器和试剂

（一）主要仪器
烧杯、锥形瓶、布氏漏斗、抽滤瓶、表面皿、温度计。

（二）主要试剂
水杨酸、乙酸酐、浓硫酸、浓盐酸、饱和碳酸氢钠溶液、1% $FeCl_3$ 溶液。

四、实验步骤

（1）称取 $2.0\ g$（约 $0.014\ moL$）固体水杨酸，放入 $125\ mL$ 锥形瓶中，加入

5.4 g（5 mL，0.05 mol）乙酐，用滴管加入 5 滴浓 H_2SO_4，摇匀。装置图如图 4.20 所示，待水杨酸溶解后将锥形瓶放在 85~90 ℃ 水浴中 5~10 min，常常摇动锥形瓶，使乙酰化反应尽可能完全。

（2）冷至室温，即有乙酰水杨酸结晶析出。如不结晶，可用玻棒摩擦瓶壁并将反应物置于冰水中冷却使结晶产生。加入 50 mL 水，将混合物继续在冰水中冷却使结晶完全。减压抽滤，用滤液反复淋洗锥形瓶，直至所有结晶被收集到布氏漏斗。

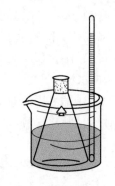

（3）每次用少量冷水洗涤结晶几次，继续抽吸将溶剂尽量抽干。粗产物转移至蒸发皿，在风中吹干，称重。将粗产物转移至 150 mL 的烧杯中，在搅拌下加入 25 mL 饱和碳酸氢钠溶液，加完后继续加热搅拌几分钟，直至无二氧化碳气泡产生。

图 4.20　乙酰水杨酸
制备装置图

（4）抽气过滤，副产物聚合物应被滤出，用 5~10 mL 水冲洗漏斗，合并滤液。倒入预先盛有 4~5 mL 浓 HCl 和 10 mL 水配成溶液的烧杯中，搅拌均匀，即有乙酰水杨酸沉淀析出。将烧杯置于冰浴中冷却，使结晶完全。减压抽滤，用洁净的玻璃塞挤压滤饼，尽量抽去滤液，再用冷水洗涤 2~3 次，抽干水分。将结晶移至表面皿上，干燥后称量。

（5）取几粒结晶加入盛有 5 mL 水的试管中，加入 1~2 滴 1% 三氯化铁溶液，观察颜色变化。

【注意事项】

（1）仪器要全部干燥，药品也要干燥处理，醋酐要使用新蒸馏的，收集 139~140 ℃ 的馏分。

（2）反应过程温度须控制在 70 ℃ 左右，温度过高会加快副产物的生成。

（3）抽滤后洗涤用水要少。

（4）乙酰水杨酸受热后易发生分解，分解温度为 126~135 ℃，因此重结晶时不宜长时间加热，控制水温，产品采取自然晾干。

（5）测熔点时先使温度达到 120 ℃ 后再放样品，否则样品在升温过程中易分解。

五、思考题

（1）本实验为什么不能在回流下长时间反应？

（2）反应后加水的目的是什么？

（3）第一步结晶的粗产品中可能含有哪些杂质？

（4）当结晶困难时，可用玻璃棒在器皿壁上充分摩擦，即可析出晶体。试述其原理，除此之外，还有什么方法可以让其快速结晶？

实验三十三　五乙酰葡萄糖的制备

一、实验目的

（1）进一步熟悉酯化反应。
（2）学习旋光仪的使用和旋光度的测定。

二、反应原理

自然界中 D-(+)-葡萄糖是以环形半缩醛形式存在的，有 α、β 两种异构体。葡萄糖上的羟基与乙酸或乙酸酐反应可以使 5 个羟基都被乙酰化。相应地生成 α-五乙酰葡萄糖酯和 β-五乙酸葡萄糖酯。但是使用不同的催化剂时，所生成的主产物不同。如当用无水氯化锌作催化剂时，α 构型为主要产物；当使用无水乙酸钠作催化剂时，β 构型为主要产物。从立体构型来看 β-异构体比 α-异构体更稳定，但是在无水氯化锌的作用下 β-异构体也能转化为 α-异构体。转换反应如下：

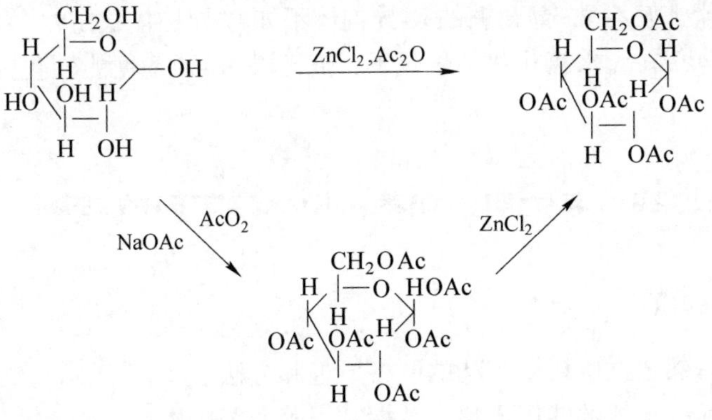

三、仪器和试剂

（一）主要仪器
电热套、研钵、烧瓶、球形冷凝管、磁力搅拌器、干燥管、抽滤瓶、量筒。

（二）主要试剂
无水乙酸钠、葡萄糖、乙酸酐、乙醇。

四、实验步骤

（1）将 2 g 无水乙酸钠用电炉电热套加热，达到熔融状态，之后转入研钵。稍微冷却后，加入 2.5 g 葡萄糖，研碎，转入 50 mL 烧瓶。加入 12.5 mL 乙酸酐，回流冷凝，磁力搅拌，加热回流至溶液透明，再回流 40 min，该过程中注意控制温度（用传感器控制反应器温度，即烧瓶外部温度在 100 ℃ 以下），同时回流冷凝器上方加干燥管。

（2）在通风橱中将产物转入冰水中，强烈搅拌并放置 10 min，使固体析出，抽滤，洗涤晶体。产物用 75% 的乙醇重结晶，无水乙醇约 8 mL+水 3 mL 左右，具体用量自己控制。

【注意事项】

（1）用传感器控制烧瓶外部温度在 100 ℃ 以下。

（2）乙酸钠在电炉上加热需要小心明火，注意安全，最好用电热套加热，同时使用钳子，注意别烫手。

（3）回流冷凝管上方一定要加干燥管。

（4）产物在冰水中的析出需要在通风橱中进行，同时需要强烈搅拌，使固体变成粉末，防止固体中包藏溶剂，使产物在重结晶时部分水解。

（5）重结晶用的溶剂可以是 70% 的乙醇，需要学生自己配制。

五、思考题

（1）为什么五乙酰-葡萄糖的 α-异构体不如 β-异构体稳定？

（2）为什么在无水氯化锌的催化下，五乙酰-β-葡萄糖能转化为五乙酰-α-葡萄糖？

实验三十四　邻苯二甲酸二丁酯的制备

一、实验目的

（1）学习邻苯二甲酸二丁酯的制备原理和方法。

（2）学习分水器的使用方法，掌握减压蒸馏等操作。

二、实验原理

邻苯二甲酸二丁酯通常由邻苯二甲酸酐（苯酐）和正丁醇在强酸（如浓硫酸）催化下反应而得。反应经过两个阶段。第一阶段是苯酐的醇解得到邻苯二甲酸单丁酯：

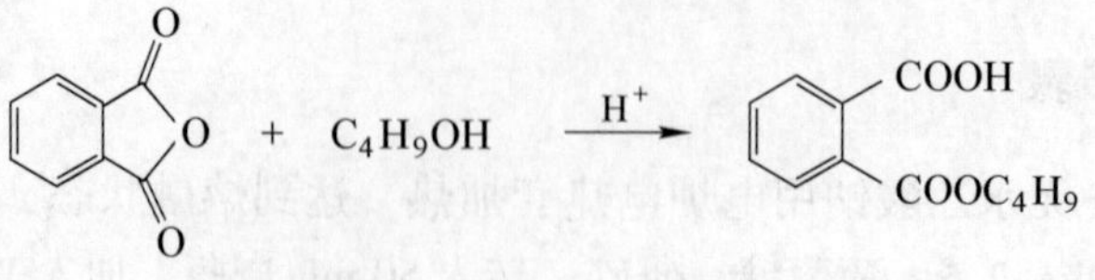

这一步很容易进行，稍稍加热，待苯酐固体全熔后，反应基本结束。反应的第二阶段是邻苯二甲酸单丁酯与正丁醇的酯化得到邻苯二甲酸二丁酯：

$$\text{邻苯二甲酸单丁酯} + C_4H_9OH \underset{}{\overset{H^+}{\rightleftharpoons}} \text{邻苯二甲酸二丁酯}$$

这一步为可逆反应，反应较难进行，需用强酸催化和在较高的温度下进行，且反应时间较长。为使反应向正反应方向进行，常使用过量的醇以及利用油水分离器将反应过程中生成的水不断地从反应体系中除去。加热回流时，正丁醇与水形成二元共沸混合物，共沸物冷凝后的液体进入分水器中分为两层，上层为含水的醇层，下层为含醇的水层，上层的正丁醇可通过溢流返回到烧瓶中继续反应。

考虑到副反应的发生，反应温度又不宜太高，控制在 180 ℃ 以下，否则，在强酸存在下，会引起邻苯二甲酸二丁酯的分解：

$$\text{邻苯二甲酸二丁酯} \xrightarrow[180℃]{H^+} \text{苯酐} + CH_2{=}CHCH_2CH_3 + H_2O$$

三、仪器和试剂

（一）主要试剂

邻苯二甲酸酐 5.9 g、正丁醇（另 12 mL 于分水器中）、浓硫酸、碳酸钠溶液（5%）饱和食盐水、无水硫酸镁。

（二）主要仪器

三颈烧瓶（100 mL）、圆底烧瓶（60 mL）、温度计（200 ℃）、分液漏斗（60 mL）、锥形瓶（50 mL、150 mL 各 1 只）、球形冷凝管、直形冷凝管、分水器（10 mL）、接液管。

四、实验步骤

（1）如图 4.21 所示，在一个干燥 100 mL 三颈烧瓶中加入 5.9 g 邻苯二甲酸酐、正丁醇和几粒沸石，在振摇下缓慢滴加 0.2 mL 浓硫酸。在分水器中加入正丁醇至支管平齐。封闭加料口，另一口插入一支 200 ℃ 的温度计（水银球应位于离烧瓶底约 0.8 cm 处）。缓慢升温，使反应混合物微沸。约 15 min 后，烧瓶内固体完全消失。继续升温到回流，此时逐渐有正丁醇和水的共沸物蒸出，经过冷凝在分水器的底部，有小水珠逐渐

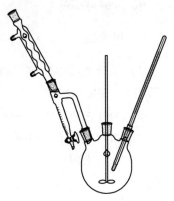

图 4.21　邻苯二甲酸
二丁酯制备装置

流到分水器的底部，当反应温度升到 150 ℃时便可停止加热，记下分水器中水的体积（注意：含有少量正丁醇），记下反应的时间（一般约 2 h）。

（2）当反应液冷却到 70 ℃以下时，拆除装置。将反应混合液倒入分液漏斗，用 5%碳酸钠溶液中和后，有机层用 20 mL 温热的饱和食盐水洗涤 2~3 次，至有机层呈中性，分离出的油状物用无水硫酸镁干燥至澄清。

（3）用倾斜法除去干燥剂，有机层倒入 50 mL 的圆底烧瓶，先用水泵减压蒸去过量的正丁醇，最后在油泵的减压下蒸馏，收集 180~190 ℃（10 mmHg）或 200~210 ℃（20 mmHg）的馏分，称取质量。

【注意事项】

（1）为了保持浓硫酸的浓度，反应仪器尽量干燥。浓硫酸的量不宜太多，避免增加正丁醇的副反应以及产物在高温时的分解。

（2）开始加热时必须慢慢加热，待苯酐固体消失后，方可提高加热速度，否则，苯酐遇高温会升华附着在瓶壁上，造成原料损失而影响产率。单酯生成后必须慢慢提高反应温度，在回流下反应，否则酯化速度太慢，影响实验进度。若加热至 140 ℃后升温速度很慢，此时可补加 1 滴浓硫酸促进之。

（3）反应终点控制：以分水器中没有水珠下沉为标志，但反应最高温度不得超过 180 ℃，以在 160 ℃以下为宜。

（4）产物用碱中和时，温度不得超过 70 ℃，碱浓度也不宜过高，否则引起酯的皂化反应。当然中和温度也不宜太低，否则摇动时易形成稳定的乳浊液，给操作造成麻烦。

（5）必须彻底洗涤粗酯，确保中性，否则在最后减压蒸馏时，因温度很高（>180 ℃），若有少量酸存在会使产物分解，在冷凝管入口处可观察到针状的邻苯二甲酸酐固体结晶。

五、思考题

（1）从分水器中生成水的量可大致判断反应进行的程度，能否以此作为衡量反应进行程度的标准？

（2）为什么要对粗产品进行中和，用饱和食盐水洗涤？

（3）粗产品邻苯二甲酸二丁酯中可能含有哪些杂质？

（4）为什么用饱和食盐水洗涤后，可以不必进行干燥，即可进行蒸去正丁醇的操作？

（5）正丁醇在浓硫酸存在下加热到反应时的温度，可能有哪些副反应？硫酸过量过多有什么不良影响？

<h1 style="text-align: center;">实验三十五 乙酰苯胺的合成</h1>

一、实验目的

（1）以乙酸和苯胺为原料合成乙酰苯胺。
（2）乙酰苯胺粗品用水重结晶法得到纯品。
（3）掌握分馏柱除水的原理及方法。

二、实验原理

乙酰苯胺可由苯胺与乙酰化试剂如乙酰氯、乙酐或乙酸等直接作用来制备。反应活性是乙酰氯>乙酐>乙酸。由于乙酰氯和乙酐的价格较贵，本实验选用乙酸作为乙酰化试剂。反应如下：

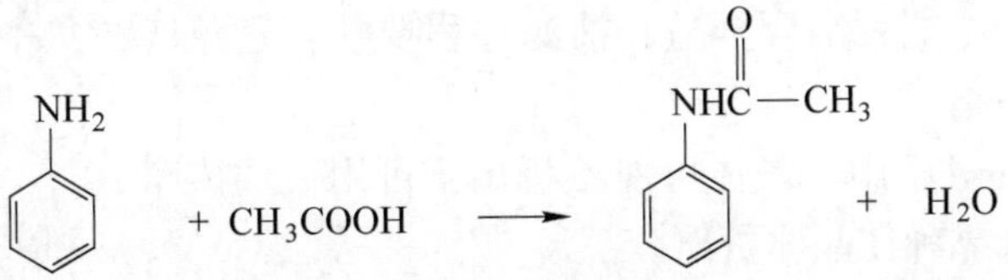

乙酸与苯胺的反应速率较慢，且反应是可逆的，为了提高乙酰苯胺的产率，一般采用冰乙酸过量的方法，同时利用分馏柱将反应中生成的水从平衡中移去。由于苯胺易氧化，加入少量锌粉，防止苯胺在反应过程中氧化。

三、仪器与试剂

（一）主要仪器
圆底烧瓶、温度计、分馏柱、蒸馏头、接液管、布氏漏斗、量筒、电热套。
（二）主要试剂
苯胺、冰醋酸。

四、实验步骤

（1）如图4.22所示，圆底烧瓶中加入5 mL苯胺、7.5 mL冰醋酸、0.1 g锌粉，装上刺型分馏柱，柱口装蒸馏头、温度计，蒸馏头出口安装接液管。加热至反应物微沸10 min，逐渐升高温度到100 ℃。蒸馏头有水馏出，用量筒承接。

（2）维持反应温度100~110 ℃之间1 h。水馏出约4 mL，温度计读数下降，表示反应完成。

（3）反应液搅拌下倒入100 mL冷水中。冷却后抽滤，粗品晾干。粗品用水重结晶。抽滤，产品晾干称重，计算产率。

【注意事项】

（1）反应所用玻璃仪器必须干燥。

（2）久置的苯胺因为氧化而颜色较深，最好使用新蒸馏过的苯胺。

（3）冰乙酸在室温较低时凝结成冰状固体，可将试剂瓶置于热水浴中加热熔化量取。

（4）锌粉的作用是防止苯胺氧化，只要少量即可。加得过多，会出现不溶于水的氢氧化锌。

（5）反应时间至少 30 min，否则反应可能不完全而影响产率。

（6）反应时分馏温度不能太高，以免大量乙酸蒸出而降低产率。

（7）重结晶时，热过滤是关键一步。布氏漏斗和吸滤瓶一定要预热。滤纸大小要合适，抽滤过程要快，避免产品在布氏漏斗中结晶。

（8）重结晶过程中，晶体可能不析出，可用玻璃棒摩擦烧杯壁或加入晶种使晶体析出。

图 4.22　乙酰苯胺
　　　　　合成装置图

五、思考题

（1）制备乙酰苯胺为什么选用乙酸做酰基化试剂？

（2）为什么要控制分馏柱上端温度在 100~110 ℃，若温度过高有什么不好？

（3）本实验中采用了哪些措施来提高乙酰苯胺的产率？

（4）常用的乙酰化试剂有哪些？哪一种较经济？哪一种反应最好？

实验三十六　苄叉丙酮和二苄叉丙酮的合成

一、实验目的

（1）学习利用羟醛缩合反应增长碳链的原理和方法。

（2）学习利用反应物的投料比控制反应物。

二、实验原理

反应式：

$$PhCOH + CH_3\overset{\overset{\displaystyle O}{\|}}{C}CH_3 \xrightarrow{OH^-} PhCH = CH\overset{\overset{\displaystyle O}{\|}}{C}CH_3 + H_2O$$

$$2PhCOH + \overset{O}{\underset{\|}{CH_3CCH_3}} \xrightarrow{OH^-} PhCH = \overset{O}{\underset{\|}{CHCCH}} = CHPh + 2H_2O$$

三、仪器与试剂

（一）实验仪器

烧杯、布氏漏斗、吸滤瓶、分液漏斗。

（二）实验试剂

苯甲醛、丙酮、95% 乙醇、10% NaOH、冰醋酸。

四、实验步骤

（1）将 2.7 mL（0.025mol）苯甲醛（新蒸馏）、0.9 mL（0.0125 mol）丙酮、20 mL 95% 乙醇、25 mL 10% NaOH 在搅拌下依次加入烧杯中。

（2）继续搅拌 20～30 min，抽滤，用水洗涤一次，再用 1 mL 冰醋酸和 25 mL 95% 乙醇组成的混合液浸泡，洗涤。最后用水洗涤一次，抽干。晾干后称重，计算产率。

（3）将 3.5 mL 苯甲醛、6 mL 丙酮、8.5 mL 水依次在搅拌下加入烧杯。在搅拌下滴 2 mL 5% NaOH（25～30 ℃），温度不宜过高，温度太高，副产物多，产率下降。

（4）滴加完后，继续搅拌 30～45 min。用 1：1 盐酸中和至中性。加少量 NaCl（盐析，增大水的比重，易于分层）。分液分出苄叉丙酮（黄色油状）。

【注意事项】

（1）重结晶时，若溶液颜色不是淡黄色而呈棕红色，可加少量活性炭脱色。

（2）干燥时，温度应控制在 50～60 ℃，以免产品熔化或分解。

五、思考题

（1）比较两个过程中的不同条件，解释其原因。

（2）本实验若碱的浓度偏高有什么不好？

实验三十七　安息香缩合反应

一、实验目的

（1）学习安息香缩合的原理和应用 VB1 为催化剂合成安息香的实验方法。

（2）巩固掌握配制溶液、加热回流、冰浴冷却、抽滤、重结晶、测熔点等操作。

二、实验原理

在一定条件下，一些芳醛可以缩合生成安息香，例如芳香醛在 NaCN（或 KCN）作用下，分子间发生缩合生成安息香（二苯羟乙酮）的反应称为安息香缩合。因为 NaCN（或 KCN）为剧毒药品，使用不方便，改用维生素 B1 代替氰化物催化安息香缩合反应，反应条件温和、无毒且产率高。反应式如下：

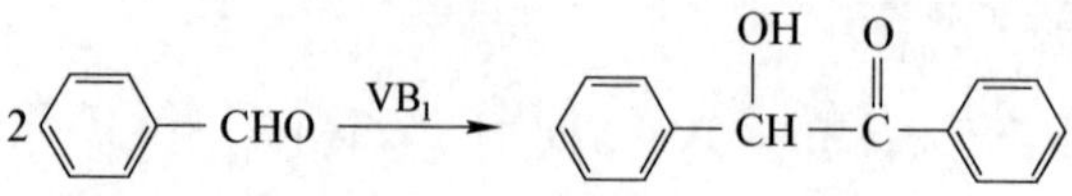

$$2 \ \text{苯甲醛} - \text{CHO} \xrightarrow{\ VB_1\ } \text{安息香}$$

苯甲醛　　　　　　　　　　　　　　安息香

早期使用的催化剂是剧毒的氰化物，极为不便。近年来，改用维生素 B1（VB1）作为催化剂，价廉易得、操作安全、效果良好。

VB1 又叫硫胺素，它是一种生物辅酶，它在生化过程中主要是对 α-酮酸的脱羧和生成偶姻（α-羟基酮）等三种酶促反应发挥辅酶的作用。VB1 的结构如下：

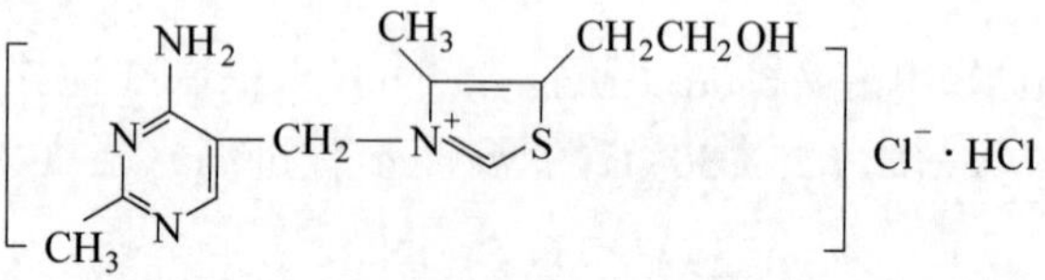

VB1 分子中右边噻唑环上的氮原子和硫原子之间的氢有较大的酸性，在碱的作用下易被除去形成碳负离子，从而催化苯偶姻的形成。

三、仪器和试剂

（一）主要仪器

50 mL 圆底烧瓶、天平（称量纸）、量筒、玻璃棒、烧杯、电热套、温度计、冷凝管、抽滤瓶、布氏漏斗、锥形瓶 2 个、滴管、热过滤漏斗、玻璃漏斗，酒精灯，广口瓶。

（二）主要试剂

VB1、乙醇、苯甲醛、氢氧化钠、活性炭、沸石。

四、实验步骤

（1）如图 4.23 所示，1.75 g 的 VB1、3.5 mL 蒸馏水以及 15 mL 的 95%乙醇于 50 mL 的圆底烧瓶，摇匀后，置于冰水浴冷却。5 mL 的 10% NaOH 于试管中，同样置于冰水浴冷却，将 NaOH 逐滴滴入配好的 VB1 溶液中。

（2）10 mL 新蒸的苯甲醛，摇匀，调 pH 值 9~10（必要时加 NaOH）3 min

不褪色，去掉冰水浴，加几粒沸石，装回流冷凝装置，水浴温热（60~75 ℃）1.5 h，加热后期温度可以升到80~90 ℃，摇动反应瓶并保持 pH 值为9~10。

（3）自然冷却至室温后，置于冰水浴中冷却（宜缓慢冷却，否则产物易呈油状析出，此时可以重新加热溶解后再慢慢冷却结晶）。抽滤，洗涤，干燥，称重。

（4）粗产物可以用95%的乙醇重结晶，加入少量活性炭脱色。

五、思考题

（1）安息香缩合、羟醛缩合、歧化反应有何不同？

（2）本实验为什么要使用新蒸出的苯甲醛？为什么加入苯甲醛后，反应混合物中的 pH 值要保持在9~10？溶液的 pH 值过高或者过低有什么不好？

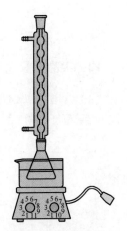

图 4.23　安息香缩合反应装置图

实验三十八　肉桂酸的制备（Perkin 反应）

一、实验目的

（1）掌握用 Perkin 反应制备肉桂酸的原理和方法。

（2）巩固回流、简易水蒸气蒸馏等装置。

二、实验原理

芳香醛和酸酐在碱性催化剂的作用下，可以发生类似羟醛缩合的反应，生成 α，β-不饱和芳香醛，这个反应称为 Perkin 反应，催化剂通常是相应酸酐的羧酸的钾或钠盐，也可以用碳酸钾或叔胺。反应式如下：

$$\text{C}_6\text{H}_5\text{CHO} + (\text{CH}_3\text{CO})_2\text{O} \xrightarrow{\text{K}_2\text{CO}_3} \text{C}_6\text{H}_5\text{CH=CHCOOH} + \text{CH}_3\text{COOH}$$

三、仪器及试剂

（一）主要仪器

圆底烧瓶、球形冷凝管、直形冷凝管、温度计、简易水蒸气蒸馏装置、抽滤装置、烧杯、表面皿。

（二）主要试剂

苯甲醛、乙酸酐、肉桂酸。

四、实验步骤

（1）如图4.24所示，分别量取3.8 mL新蒸馏过的苯甲醛和10.5 mL新蒸馏过的乙酸酐于100 mL干燥的圆底烧瓶中，摇匀，再加入5.25 g研碎无水碳酸钾。

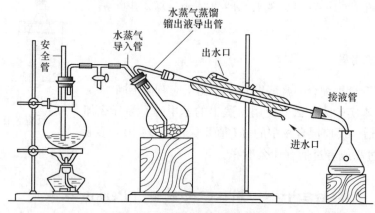

图4.24　肉桂酸制备装置图

（2）将烧瓶置于石棉网上方1~2 cm，使反应物保持微微沸腾，刚好有回流，回流45 min。反应结束，稍冷，趁还没有出现固体，迅速转入长颈圆底烧瓶（水蒸气蒸馏用）中，用约30 mL热水分几次冲洗反应瓶洗液一并转入长颈圆底烧瓶。用玻璃棒轻轻捣碎固体后进行水蒸气蒸馏，至无油状物蒸出为止。

（3）将长颈圆底烧瓶中的剩余物转入一洁净的烧杯中，冷却。加入约30 mL 10%氢氧化钠溶液中和至溶液呈碱性，使生成的肉桂酸形成钠盐而溶解。再加入30 mL水，并加入适量活性炭，煮沸5 min，趁热过滤。

（4）滤液冷却后，用30 mL 1:1的盐酸酸化至酸性，冷却，待晶体全部析出后抽滤，用10 mL冷水分两次洗涤沉淀，抽干后。粗产品在80 ℃烘箱中烘干，产率约3 g。可用3:1的水-乙醇溶液进行重结晶。

【注意事项】

（1）加热的温度最好用油浴，控温在160~180 ℃，若用电炉加热，必须使烧瓶底离开电炉4~5 cm，电炉开小些，慢慢加热到回流状态，等于用空气浴进行加热。如果紧挨着电炉，会因温度太高，反应太激烈，结果形成大量树脂状物质，甚至使肉桂酸一无所有，这点是实验的关键。

（2）反应刚开始，会因二氧化碳的放出而有大量泡沫产生，这时候加热温度尽量低些，等到二氧化碳大部分出去后，再小心加热到回流态，这时溶液呈浅棕黄色。反应结束的标志是反应时间已到规定时间，有少量固体出现。反应结束后，再加热水，可能会出现整块固体，很不好压碎，干脆不要去压碎它（当然能搞碎是最好的），以免触碎反应瓶。等水蒸气蒸馏时，温度一高，它就会溶解。

五、思考题

（1）用水蒸气蒸馏能除去什么？能不能不用水蒸气蒸馏？如何判断蒸馏终点？

（2）什么情况下需要采用水蒸气蒸馏？

（3）怎样正确进行水蒸气蒸馏操作？

实验三十九　乙酰乙酸乙酯的制备

一、实验目的

（1）了解通过 Claisen 缩合反应由乙酸乙酯制备"三乙"的基本原理和方法。

（2）了解和掌握减压蒸馏装置的原理和作用。

二、实验原理

反应式：

$$2CH_3CO_2C_2H_5 \xrightarrow{C_2H_5ONa} Na^+ \left[CH_3COCH_2CO_2C_2H_5 \right]^- \xrightarrow{HOAc} CH_3COCH_2CO_2C_2H_5 + NaOAc$$

三、仪器和试剂

（一）主要仪器

圆底烧瓶（50 mL、100 mL 各 1 个）、球形冷凝器（1 支）、分液漏斗、直型冷凝管、磨口锥形瓶、减压蒸馏装置（1 套）。

（二）主要试剂

无水乙酸乙酯 22.5 g（25 mL，0.26 mol）、金属钠 2.5 g（0.11 mol）、乙酸溶液（50%）、饱和氯化钠水溶液、碳酸钠溶液（5%）、无水硫酸镁。

四、实验步骤

（1）如图 4.25 所示安装回流反应装置，将金属 Na 迅速切成薄片，放入 100 mL 的圆底烧瓶中，并加入 12.5 mL 二甲苯，小火加热回流使熔融，拆去冷凝管，用橡皮塞塞住瓶口，用力振摇即得细粒状钠珠。稍冷后将二甲苯滗入回收瓶。

（2）迅速放入 27.5 mL 乙酸乙酯，反应开始，若慢可温热。回流 1.5 h 至钠基本消失，得橘红色溶液，有时析出黄白色沉淀（均为烯醇盐）。加 50% 醋酸（约 15 mL），至反应液呈弱酸性（固体溶完）。反应液转入分液漏斗，加等体积饱和氯化钠溶液，振摇，静置。

（3）安装减压蒸馏装置，水浴蒸去乙酸乙酯，剩余物移至 50 mL 蒸馏瓶中进行减压蒸馏，收集馏分。

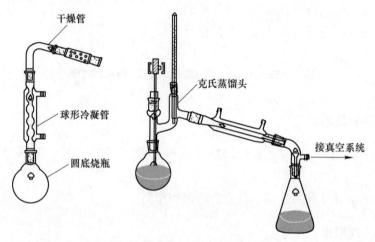

图 4.25　乙酰乙酸乙酯制备装置图

【注意事项】

（1）所用试剂及仪器必须干燥。

（2）钠遇水即燃烧、爆炸，使用时应十分小心。

（3）钠珠的制作过程中间一定不能停，且要来回振摇，使瓶内温度下降不至于使钠珠结块。

（4）用醋酸中和时，若有少量固体未溶，可加少许水溶解，避免加入过多的酸。

（5）减压蒸馏时，粗略得出在此压力下乙酰乙酸乙酯的沸点。

（6）体系压力(mmHg)＝外界大气压力(mmHg)−水银柱高度差(mmHg)。

（7）蒸馏完毕时，撤去电热套，慢慢旋开二通活塞，平衡体系内外压力，关闭油泵。

（8）产率以钠的量计算。

五、思考题

（1）本实验所用仪器未经干燥处理，对反应有何影响？

（2）加入 50% 的醋酸及氯化钠饱和溶液的目的何在？

实验四十　苯胺的制备

一、实验目的

（1）掌握硝基苯还原为苯胺的实验方法和原理。
（2）巩固水蒸气蒸馏和简单蒸馏的基本操作。

二、实验原理

反应式：

$$2C_6H_5NO_2 + 3Sn + 14HCl \longrightarrow (C_6H_5NH_3)_2^+ SnCl_6^{2-} + 4H_2O$$

$$(C_6H_5NH_3)_2^+ SnCl_6^{2-} + 8NaOH \longrightarrow 2C_6H_5NH_2 + Na_2SnO_3 + 5H_2O + 6NaCl$$

三、仪器和试剂

（一）主要试剂
锡、硝基苯、浓盐酸、氢氧化钠、乙醚。
（二）主要仪器
三颈烧瓶、球形和直形冷凝管、尾接管、锥形瓶、酒精灯。

四、实验步骤

（1）如图 4.26 所示，在一个 100 mL 圆底烧瓶中，放置 9 g 锡粒、4 mL 硝基苯，装上回流装置，量取 20 mL 浓盐酸，分数次从冷凝管口加入烧瓶并不断摇动反应混合物。若反应太激烈，瓶内混合物沸腾时，将圆底烧瓶浸入冷水中片刻，使反应缓慢。当所有的盐酸加完后，将烧瓶置于沸腾的热水浴中加热 30 min，使还原趋于完全。

（2）接着使反应物冷却至室温，在摇动下慢慢加入 50% NaOH 溶液使反应物呈碱性。

（3）最后将反应瓶改为水蒸气蒸馏装置，如图 4.27 所示，进行水蒸气蒸馏直到蒸出澄清液为止，将馏出液放入分液漏斗中，分出粗苯胺。水层加入氯化钠 3~5 g 使其饱和后，用 20 mL 乙醚分两次萃取，合并粗苯胺和乙醚萃取液，用粒状氢氧化钠干燥。

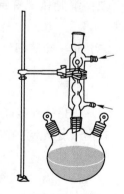

图 4.26　苯胺
制备装置图

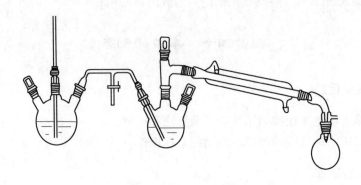

图 4.27　水蒸气蒸馏装置图

【注意事项】

(1) 加入 NaOH 的主要目的是中和过量的盐酸。

(2) 精制苯胺时，用粒状的氢氧化钠作干燥剂。

五、思考题

(1) 根据什么原理，选择水蒸气蒸馏把苯胺从反应混合物中分离出来？

(2) 如果最后制得的苯胺中混有硝基苯该怎样提纯？

实验四十一　甲基橙的制备

一、实验目的

(1) 学习重氮盐制备技术，了解重氮盐的控制条件。

(2) 掌握和了解重氮盐偶联反应的条件，掌握甲基橙制备的原理及实验方法。

(3) 进一步练习过滤、洗涤、重结晶等基本操作。

二、实验原理

甲基橙是一种酸碱指示剂，变色范围为 pH 3.2~4.4。通常配置成 1% 水溶液，在高浓度碱溶液中，甲基橙显橙色。

将对氨基苯磺酸与氢氧化钠作用生成易溶于水的盐，再与 HNO_2 重氮化，然后再与 N,N-二甲基苯胺偶联得到粗产品甲基橙，粗产品在 0.2% NaOH 溶液中进行重结晶，得到甲基橙精产品。反应式如下：

$$H_2N-\!\!\!\!\!\bigcirc\!\!\!\!\!-SO_3H \xrightarrow{NaOH} H_2N-\!\!\!\!\!\bigcirc\!\!\!\!\!-SO_3Na$$

$$H_2N-\!\!\!\!\!\bigcirc\!\!\!\!\!-SO_3Na \xrightarrow[HCl]{NaNO_2} HO_3S-\!\!\!\!\!\bigcirc\!\!\!\!\!-\overset{+}{N}\!\!\equiv\!N\ \overset{-}{C}l \xrightarrow[HOAc]{PhN(CH_3)_2}$$

$$HO_3S-\!\!\!\!\!\bigcirc\!\!\!\!\!-N=N-\!\!\!\!\!\bigcirc\!\!\!\!\!-\underset{H}{\overset{+}{N}}(CH_3)_2\ AcO^{\ominus} \xrightarrow{NaOH}$$

$$HO_3S-\!\!\!\!\!\bigcirc\!\!\!\!\!-N=N-\!\!\!\!\!\bigcirc\!\!\!\!\!-N(CH_3)_2$$

三、仪器与试剂

（一）主要仪器

烧杯、试管、滴管、刻度吸管、布氏漏斗、滤纸、抽气瓶、恒温水浴锅、冰水浴、温度计、玻璃棒、洗耳球、水泵、台秤、pH 试纸、量筒。

（二）主要试剂

对氨基苯磺酸、N,N-二甲基苯胺、NaNO₂、3 mol/L HCl、10% NaOH、5% NaOH、0.2% NaOH、95%乙醇、乙醚、冰乙酸、碘化钾-淀粉试纸、pH 试纸。

四、实验步骤

（1）称取 2.1 g 对氨基苯磺酸晶体置于 100 mL 烧杯中，加入约 10 mL 5% NaOH，温水浴中温热，晶体完全溶解后冷却到室温。称取 0.8 g NaNO₂ 置试管中，加 6 mL 水，摇动溶解完后倒入装有对氨基苯磺酸的烧杯中。搅拌均匀，将烧杯放置于冰水中，冷却到 0~5 ℃（继续放在冰水浴中进行下一步实验）。

（2）将 12 mL 3mol/L HCl 慢慢滴入烧杯中，不断搅拌，烧杯中温度控制在 0~5 ℃之间。滴完后用玻璃棒取液滴置于淀粉-碘化钾试纸上，试纸应为蓝色。继续在冰水浴中搅拌 15 min，可见到有白色细粒状重氮盐析出。

（3）用刻度吸管吸取 1.3 mL N,N-二甲基苯胺液体和 1 mL 冰乙酸，置于试管中混合均匀，慢慢滴加到上面制得的重氮盐中，同时剧烈搅拌。可见到红色沉淀析出。继续搅拌 10 min，使偶联完全。从冰水浴中取出烧杯，加入 13~15 mL 10% NaOH，至溶液呈碱性（用 pH 试纸试验）不断搅拌，可见红色甲基橙粗产品变为橙色。

（4）将烧杯置 60 ℃水浴中加热，直至甲基橙晶体完全溶解，冷却至室温，有甲基橙晶体析出，再将烧杯置冰水浴中冷却 5 min，使甲基橙结晶完全。抽气过滤，收集晶体，并依次用冰水、95%乙醇、乙醚各 10 mL 洗涤晶体，抽干。得到甲基橙粗产品。将粗产品转入烧杯中，加入 70~80 mL 0.2% NaOH 液，进行重结晶。过滤，收集晶体，晾干称重，计算产率。

【注意事项】

（1）对氨基苯磺酸为两性化合物，酸性强于碱性，它能与碱作用生成盐而不能与酸作用成盐。

（2）重氮化过程中，应严格控制温度，反应温度若高于 5 ℃，生成的重氮盐易水解为酚，降低产率。

（3）若试纸不显色，需补充亚硝酸钠溶液。

（4）若反应物中含有未作用的 N,N-二甲基苯胺醋酸盐，在加入 NaOH 后，就会有难溶于水的 N,N-二甲基苯胺析出，影响产物的纯度。

（5）重结晶操作要迅速，否则由于产物呈碱性，在温度高时易变质，颜色变深。

（6）用乙醇洗涤的目的是让产品迅速干燥。

五、思考题

（1）何谓重氮化反应？为什么此反应必须在低温、强酸性条件下进行？

（2）实验中，制备重氮盐时，为什么要把对氨基苯磺酸变成钠盐？本实验若改成下列操作步骤，先将对氨基苯磺酸与盐酸混合，再加亚硝酸钠溶液进行重氮化反应，可以吗？为什么？

（3）什么叫作偶联反应？结合本实验讨论偶联反应的条件。

（4）试解释甲基橙在酸碱介质中变色的原因，并用反应式表示。

实验四十二　8-羟基喹啉的制备（Skraup 反应）

一、实验目的

（1）掌握环合的斯克劳普（Skraup）反应原理。

（2）巩固回流加热和水蒸气蒸馏等基本操作，掌握减压升华的实验方法。

二、实验原理

Skraup 反应，是合成杂环化合物喹啉及其衍生物最重要的方法，甘油和邻氨基苯酚发生环化反应得到 8-羟基喹啉。浓硫酸的作用使甘油脱水成丙烯醛，并使苯胺与丙烯醛的加成物脱水成环。反应方程式如下：

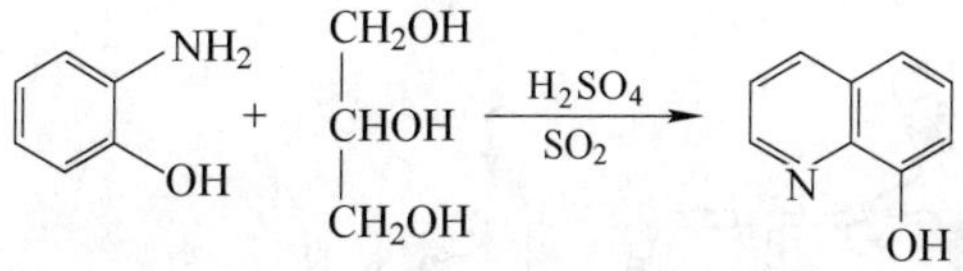

升华是纯化固体有机化合物的一种方法。利用升华可除去不挥发性杂质，或分离不同挥发度的固体混合物。升华是指固体物质不经过液态直接转变成蒸气的现象。对有机化合物的提纯来说，重要的是使物质蒸气不经过液态而直接变成固体，因为这样能得到高纯度的物质。因此，在有机化学实验操作中，不管物质蒸气是由固态直接汽化，还是由液态蒸发而产生的只要是物质从蒸气不经过液态而直接转变成固态的过程都称之为升华。一般来说，对称性好的固体物质，具有较高的熔点，且在熔点温度以下具有较高的蒸气压，易于用升华来提纯。

三、仪器和试剂

（一）主要试剂

分液漏斗（500 mL）、恒压滴液漏斗、固体加料漏斗、布氏漏斗（ϕ8 cm）、电动搅拌器、旋转蒸发仪、水浴锅、电热干燥箱、三颈烧瓶（250 mL）、球形冷凝管、直形冷肼管、玻璃水泵、温度计（0～300 ℃）、烧杯（500 mL）、量筒（100 mL）、滴液漏斗（60 mL）、电子天平。

（二）主要仪器

邻氨基苯酚 1.4 g（0.0125 mol）、邻硝基苯酚 0.9 g（0.007 mol）、丙三醇 4.3 mL（4.8 g，0.05 mol）、浓硫酸 4.5 mL、发烟硫酸、无水乙醇、乙酸。

四、实验步骤

（1）如图 4.28 所示，在 125 mL 圆底烧瓶中加入无水甘油、乙酸、邻硝基苯酚和邻氨基苯酚，混合均匀后缓慢加入浓硫酸，装上回流装置，小心加热，微沸，撤去热源。待作用缓和后，再继续加热，保持回流 1～1.5 h。

（2）稍冷后，进行水蒸气蒸馏，除去未作用的邻硝基苯酚，将 3 g 氢氧化钠溶于 6 mL 水中，待烧瓶内液体冷却后加入。用饱和碳酸钠溶液调至中性，再进行第二次水蒸气蒸馏，蒸出 8-羟基喹啉。

（3）待馏出液充分冷却后，抽滤收集析出，粗产品用 4：1（体积）的乙醇-水重结晶，升华粗产物，得到高纯度的固体有机化合物。

【注意事项】

（1）以邻氨基苯酚和丙烯醛为原料用 Skraup 法制备 8-羟基喹啉，可供选用的氧化剂有邻硝基苯酚、砷酸、钒酸、三氧化铁、四氯化锡、硝基苯磺酸、碘等。最常用的是五价砷，但砷有毒，且价格昂贵。

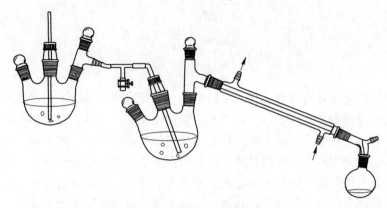

图 4.28　8-羟基喹啉的制备装置图

（2）添加乙酸可以提高 8-羟基喹啉的收率并且收率稳定。若不加乙酸，用高纯度的丙烯醛也可以得到较高反应收率，否则，收率明显地下降，而且焦油量大。这可能是由于乙酸和丙烯醛分子中的醛基发生反应，使丙烯醛不易聚合，有利于与邻氨基苯酚的加成反应，从而提高反应收率。

（3）影响 8-羟基喹啉质量及收率的主要因素是在整个合成反应中会生成一些活泼的中间产物，如芳胺基丙烯醛、二氢羟基喹啉等，它们极易与丙烯醛继续发生加成反应，生成一系列副产物，在加热的条件下形成焦油。提高搅拌速度和延长丙烯醛的滴加时间，能够提高 8-羟基喹啉的生成速度，减少副反应的发生，从而增加 8-羟基喹啉的收率。

五、思考题

（1）8-羟基喹啉的合成机理是什么？

（2）在反应中如用对甲基苯胺作原料应得到什么产物？硝基化合物应如何选择？

实验四十三　对氨基苯磺酰胺（磺胺）的制备

一、实验目的

（1）掌握磺化反应的基本操作及原理和对氨基苯磺酸的制备方法。

（2）了解氨基的简单检验方法。

二、实验原理

苯和浓硫酸反应生成苯磺酸，即在苯环上引入磺酸基，称为磺化反应。磺酸一般指磺酸基（—SO₃H）直接和烃基相连（即硫原子直接和碳原子相连）。磺化反应的实质是苯和三氧化硫的亲电取代反应。三氧化硫虽然不带电荷，但是中心的硫原子为 sp² 杂化，为平面结构，最外层只有 6 个电子。另外硫原子和 3 个电负性较大的氧原子连接，增强了硫原子的缺电子程度，即为缺电子试剂，容易和苯发生亲电取代反应。反应的机理如下所示：

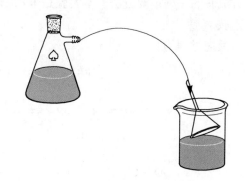

本实验是以苯胺为起始原料，经浓硫酸磺化得到目标产物对氨基苯磺酸。反应式：

三、仪器及试剂

（一）主要仪器
100 mL 三颈瓶、空气冷凝管、布氏漏斗、滴管、抽滤瓶。
（二）主要试剂
苯胺、浓硫酸、10% NaOH 溶液。

四、实验步骤

（1）如图 4.29 所示，在 15 mL 烧瓶中加入 1 g 新蒸馏的苯胺，装上空气冷凝管，滴加 1.7 mL 浓硫酸。油浴加热，在 180~190 ℃反应约 1.5 h，检查反应完全后停止加热，放冷至室温。

（2）将混合物在不断搅拌下倒入 10 mL 盛有冰水的烧杯中，析出灰白色对氨基苯磺酸，抽滤，水洗，热水重结晶得产物约 0.8 g。

图 4.29　磺胺制备装置图

【注意事项】

（1）浓 H₂SO₄ 要分批加入，边加边摇荡烧瓶，并冷却，加料时加上空气冷凝管。

（2）反应温度为 180~190 ℃。

（3）可用 10% NaOH 溶液测试，若得澄清溶液则反应完全。

五、思考题

（1）对氨基苯磺酸较易溶于水，而难溶于苯及乙醚，试解释。

（2）反应产物中是否会有邻位取代物？若有，邻位和对位取代产物，哪一种较多？说明理由。

实验四十四　α-苯乙胺的合成与拆分

一、实验目的

（1）学习 Leuchart 反应合成外消旋体 α-苯乙胺的原理和方法。

（2）通过外消旋体 α-苯乙胺的制备，进一步综合运用回流、蒸馏、萃取的测定等基本操作。

（3）学习将外消旋体转变为非对映异构体拆分外消旋体的原理和方法。

二、实验原理

醛、酮与甲酸和氨（或伯、仲胺），或与甲酰胺作用发生还原胺化反应，称为鲁卡特（Leuchart）反应。反应通常不需要溶剂，将反应物混合在一起加热（100~180 ℃）即能发生。选用适当的胺（或氨）可以合成伯、仲、叔胺。反应中氨首先与羰基发生亲核加成，接着脱水生成亚胺，亚胺随后被还原生成胺。与还原胺化不同，这里不是用催化氢化，而是用甲酸作为还原剂。它是由羰基化合物合成胺的一种重要方法。本实验是苯乙酮与甲酸铵作用得到外消旋体（±）-α-苯乙胺。

反应过程为：

$$HCOONH_4 \rightleftharpoons HCOOH +$$

$$\text{\\}C=O + NH_3 \rightleftharpoons \overset{|}{\underset{NH_2}{\text{\\}C}}-OH \xrightleftharpoons{-H_2O} \text{\\}C=NH \xrightleftharpoons{NH_4^+} \text{\\}C=\overset{+}{N}H_2$$

$$-O-\overset{\overset{O}{\|}}{C}-H + \overset{|}{C}=\overset{+}{N}H_2 \longrightarrow H-\overset{|}{\underset{|}{C}}-NH_2 + CO_2$$

依照前面的机理生成的 α-苯乙胺再与过量的甲酸形成甲酰胺，经酸水解形成铵盐，再用碱将其游离，得到 α-苯乙胺。反应式如下：

$$\text{C}_6\text{H}_5\text{-}\overset{\text{O}}{\underset{}{\text{C}}}\text{-CH}_3 + 2\text{HCOONH}_4 \longrightarrow \text{C}_6\text{H}_5\text{-}\overset{\text{CH}_3}{\underset{}{\text{CH}}}\text{-NHCHO} + \text{NH}_3\uparrow + \text{CO}_2\uparrow + \text{H}_2\text{O}$$

$$\text{C}_6\text{H}_5\text{-}\overset{\text{CH}_3}{\underset{}{\text{CH}}}\text{-NHCHO} + \text{HCl} + \text{H}_2\text{O} \longrightarrow \text{C}_6\text{H}_5\text{-}\overset{\text{CH}_3}{\underset{}{\text{CH}}}\text{-}\overset{+}{\text{N}}\text{H}_3\text{Cl}^- + \text{HCOOH}$$

$$\text{C}_6\text{H}_5\text{-}\overset{\text{CH}_3}{\underset{}{\text{CH}}}\text{-}\overset{+}{\text{N}}\text{H}_3\text{Cl}^- + \text{NaOH} \longrightarrow \text{C}_6\text{H}_5\text{-}\overset{\text{CH}_3}{\underset{}{\text{CH}}}\text{-NH}_2 + \text{NaCl} + \text{H}_2\text{O}$$

拆分外消旋体最常用的方法是利用化学反应把对映体变为非对映体：利用外消旋混合物内含有一个易于反应的基团——拆分基团，如羧基或氨基等，可以使它与一个纯的旋光化合物——拆分剂发生反应，从而把一对对映体变成两种非对映体。由于非对映体具有不同的物理性质，便可采用常规的分离手段分开。然后经过一定的处理，去掉拆分剂，最后，得到纯的旋光化合物，达到拆分的目的。常用的拆分剂有：马钱子碱、奎宁和麻黄素等旋光纯的生物碱用来拆分外消旋的有机酸；酒石酸、樟脑磺酸、苯乙醇酸等旋光纯的有机酸用来拆分外消旋的有机碱。α-苯乙胺的旋光异构体可作为碱性拆分剂用于拆分酸性外消旋体。

三、仪器和试剂

（一）主要仪器

圆底烧瓶、三颈烧瓶、球形冷凝管、直形冷凝管、空气冷凝管、烧杯、锥形瓶、分液漏斗、蒸馏头、温度计、滤纸、布氏漏斗、抽滤瓶、蒸发皿、减压蒸馏装置、旋光仪。

（二）主要试剂

苯乙酮、甲酸铵、氯仿、甲苯、浓 HCl、50% NaOH 溶液、固体 NaOH、（+）-酒石酸、甲醇、乙醚、无水硫酸镁、无水乙醇、浓硫酸、丙酮。

四、实验步骤

（1）在 250 mL（100 mL）圆底烧瓶中，加入 22.5 mL（0.2 mol）苯乙酮，40 g（约 0.64 mol）甲酸铵和几粒沸石，装上蒸馏头并装配成简单蒸馏装置。蒸馏头上口插入一支温度计，其水银球浸入反应混合物中。在石棉网上小火缓缓加热，反应物慢慢熔化，当温度升到 150~155 ℃时，熔化后的液体呈两相，继续加热反应物便成一相，反应物剧烈沸腾，并有水和苯乙酮被蒸出，同时不断地产生泡沫并放出二氧化碳和氨气。继续缓慢地加热到达 185 ℃（勿超过 185 ℃），停止加热。反应过程中可能在冷凝管中生成一些固体碳酸铵，此时可暂关闭冷却水使固体溶解，避免冷凝管堵塞。将馏出液用分液漏斗分出上层苯乙酮并倒回反应瓶中，再继续加热 2 h，控制反应温度不超过 185 ℃。

（2）将反应物冷至室温，转入分液漏斗中，用 30 mL 水洗涤，以除去甲酸铵和甲酰胺，将分出的 N-甲酰-α-苯乙胺粗品，倒入原反应瓶中。水层每次用 12 mL 氯仿萃取两次。合并萃取液，萃取液也倒回原反应瓶中，弃去水层。向反应瓶中加入 24 mL 浓盐酸和几粒沸石，加热蒸馏直至所有氯仿均被蒸出，改为回流装置，保持微沸回流 1 h，使 N-甲酰-α-苯乙胺水解。

（3）将反应液冷至室温，然后每次用 12 mL 氯仿萃取三次，合并的萃取液倒入指定回收容器中。水层倒入 250 mL 三颈烧瓶中。

（4）将三颈烧瓶置于冰水浴中冷却，慢慢加入 40 mL 50% 氢氧化钠溶液，并不断地振摇，然后加热进行水蒸气蒸馏。用 pH 试纸检查馏出液，开始为碱性，至馏出液的 pH 值为 7 时，停止水蒸气蒸馏，收集 120~160 mL。

（5）将含游离胺的馏出液每次用 20 mL 甲苯萃取三次，合并萃取液，加入粒状氢氧化钠干燥并塞住瓶口。干燥后粗产品先蒸馏除去甲苯，再蒸馏收集 180~190 ℃ 的馏分。称量产品并计算产率。产量为 12~14 g，产率为 50%~58%，塞好瓶口留着拆分实验使用。纯（±）-α-苯乙胺为无色液体，沸点为 187.4 ℃。

（6）在 250 mL 锥形瓶中放入 7.6 g（0.05 mol）D-(+)-酒石酸、90 mL 甲醇和几粒沸石，装上回流冷凝管后在水浴上加热至接近沸腾（约 60 ℃）。待 D-(+)-酒石酸全部溶解后，停止加热，稍冷后移去回流冷凝管，在振摇下用滴管将 6 g（0.05 mol）（±）-α-苯乙胺慢慢加入热溶液中。加完稍加振摇，冷至室温后，塞紧瓶塞，放置 24 h 以上。瓶内应生成颗粒状棱柱形晶体，若生成针状晶体与棱柱形结晶混合物，应置于热水浴中重新加热溶解，再让溶液慢慢冷却，待析出棱状结晶完全后，减压过滤，晶体用少量冷甲醇洗涤，晾干，得到的主要是（-）-α-苯乙胺·（+）-酒石酸盐。称量（预期 4~5 g）并计算产率。母液保留用于制备另一种对映体。

（7）将上述所得的（-）-α-苯乙胺·（+）-酒石酸盐转入 250 mL 锥形瓶中，加入约 15 mL 水（约 4 倍量的水），搅拌使部分结晶溶解，再加入约 2.5 mL 50% 氢氧化钠溶液，搅拌使混合物完全溶解，且溶液呈强碱性。将溶液转入分液漏斗中，然后每次用 10 mL 乙醚萃取 3 次。合并乙醚萃取液，用粒状氢氧化钠干燥，水层倒入指定容器中留作回收（+）-酒石酸。

（8）将干燥后的乙醚溶液分批转入 25 mL 事先已称量的圆底烧瓶，在水浴上先尽可能蒸去乙醚，再用水泵减压除净乙醚。称量圆底烧瓶，即可得（-）-α-苯乙胺的质量（1~1.5 g），计算产率。塞好瓶塞，供测比旋光度用。纯的 S-(-)-α-苯乙胺比旋光度为 $[\alpha]_D^{25} = -39.5°$。

（9）将上述保留的母液在水浴上加热浓缩，蒸出甲醇。残留物呈白色固体，残渣用 40 mL 水和 6.5 mL 50%氢氧化钠溶液溶解，然后用乙醚提取 3~4 次，每次用 12 mL。合并萃取液，用无水硫酸镁干燥。过滤，将滤液加到圆底烧瓶中，先水浴蒸除乙醚和甲醇，然后减压蒸馏得无色透明油状液体（+）-α-苯乙胺（2.8 kPa 下收集 85~86 ℃的馏分），即为（+）-α-苯乙胺粗品。粗产品需进一步重结晶才能达到一定纯度。

（10）（+）-α-苯乙胺重结晶，将粗品溶于约 20 mL 乙醇中，加热溶解，向此热溶液中加入含浓硫酸的乙醇溶液约 45 mL（约加入浓硫酸 0.8 g），放置后，得白色片状（+）-α-苯乙胺硫酸盐。滤出晶体，浓缩母液后可得到第二次结晶物，合并晶体（共约 7 g）。将晶体溶于 12 mL 热水中，加热沸腾，滴加丙酮至刚好混浊，放置慢慢冷却后析出白色针状结晶。过滤后加入 10 mL 水和 1.5 mL 50%氢氧化钠溶液溶解。水溶液用乙醚萃取 3 次，每次 10 mL，合并萃取液用无水硫酸镁干燥。蒸除乙醚后，减压蒸馏，收集 72~74 ℃（2.3 kPa，17 mmHg）的馏分，得到（+）-α-苯乙胺，称重（约 1.3 g），待测旋光度。纯的 R-(+)-α-苯乙胺为无色透明油状物，比旋光度为 $[\alpha]_D^{25}$ = +39.5°。

【注意事项】

（1）反应过程中，若温度过高，可能导致部分碳酸铵凝固在冷凝管中。反应液温度达到 185 ℃的时间约需 2 h。

（2）如在冷却过程中有晶体析出，可用最少量的水溶解。

（3）水蒸气蒸馏时，玻璃磨口接头应涂上凡士林以防止接口因受碱性溶液作用而被粘住。

（4）游离胺易吸收空气中的 CO_2 形成碳酸盐，故在干燥时应塞住瓶口隔绝空气。

（5）缓慢加入苯乙胺，须小心操作，以免混合物沸腾或起泡溢出，

（6）有时析出的结晶并不呈棱柱状，而呈针状，从这种结晶得到的 α-苯乙胺光学纯度差。本实验必须得到棱状结晶，这是实验成功的关键。若溶液中析出针状晶体，可采取如下步骤：1）由于针状晶体易溶解，可缓慢加热混合物到恰好针状晶体完全溶解而棱状晶体尚未开始溶解为止，重新放置过夜；2）分出少量棱状晶体，加热混合物至其余晶体全部溶解，稍冷后，加入取得的少量棱状晶体作晶种，放置过夜。

（7）因结晶生成速度较慢，常需放置较长时间，甚至放置过夜。

五、思考题

（1）各步骤中用氯仿和甲苯萃取的是什么物质？

（2）为什么要在碱性条件下进行水蒸气蒸馏？馏出液含有什么成分？

（3）在（+）-酒石酸甲醇溶液中加入 α-苯乙胺后，析出棱柱状晶体，过滤

后，此滤液是否有旋光性？为什么？

（4）拆分实验中关键步骤是什么？如何控制反应条件才能分离出纯的旋光异构体？

（5）试设计一个实验步骤，从上述实验中回收（+）-酒石酸。

（6）分析拆分所得样品（+）-α-苯乙胺的比旋光度较（−）-α-苯乙胺的比旋光度低的原因，并提出解决的方案。

实验四十五　2-庚酮的制备

一、实验目的

（1）学习和掌握乙酰乙酸乙酯在合成中的应用原理。

（2）学习乙酰乙酸乙酯的钠代、烃基取代、碱性水解和酸化脱羧原理及实验操作。

（3）进一步熟练掌握蒸馏、减压蒸馏、萃取的基本操作。

（4）了解生物信息素的作用及应用。

二、实验原理

反应式：

$$
\underset{\substack{\| \quad\quad | \\ O \quad CH_2CH_2CH_2CH_3}}{CH_3C - CHCOOCH_2CH_3} + NaOH \longrightarrow \underset{\substack{\| \quad\quad | \\ O \quad CH_2CH_2CH_2CH_3}}{CH_3C - CHCOONa} + C_2H_5OH
$$

$$
\underset{\substack{\| \quad\quad \| \\ O \quad\quad O}}{CH_3C - CH_2C - OCH_2CH_3} + CH_3CH_2CH_2CH_2Br \xrightarrow{C_2H_5ONa} \underset{\substack{\| \quad\quad | \\ O \quad CH_2CH_2CH_2CH_3}}{CH_3C - CHCOOCH_2CH_3} +
$$

$$
NaBr + C_2H_5OH
$$

$$
\underset{\substack{\| \quad\quad | \\ O \quad CH_2CH_2CH_2CH_3}}{2CH_3C - CHCOONa} + H_2SO_4 \longrightarrow \underset{\substack{\| \quad\quad | \\ O \quad CH_2CH_2CH_2CH_3}}{2CH_3C - CHCOOH}
$$

$$
\underset{\substack{\| \quad\quad | \\ O \quad CH_2CH_2CH_2CH_3}}{CH_3C - CHCOOH} \xrightarrow{-CO_2} \underset{\substack{\| \\ O}}{CH_3C - CH_2CH_2CH_2CH_3}
$$

三、仪器及试剂

（一）主要仪器

回流冷凝管 100 mL 圆底烧瓶、氯化钙干燥管、分液漏斗、锥形瓶、蒸馏头、温度计（200 ℃）、冷凝管、接收弯头、三颈瓶（100 mL、250 mL）、滴液、漏斗、玻璃棒

（二）主要试剂

金属钠、99%乙醇、邻苯二甲酸二乙酯、无水乙醇、碘化钾、乙酰乙酸乙酯、正溴丁烷、盐酸、二氯甲烷、无水硫酸镁、氢氧化钠、正丁基乙酰乙酸乙酯、硫酸、氯化钙溶液。

四、实验步骤

（1）在 250 mL 圆底烧瓶中，加入 100 mL 无水乙醇和 2 g 金属钠，为防止金属钠反应剧烈，缓慢加入，待金属钠反应完全，加几粒沸石，加热回流 30 min。取下冷凝管，改成蒸馏装置，收集馏分。将产品储于带有磨口塞或橡胶塞的容器中。

（2）如图 4.30 所示，在干燥的 100 mL 三颈瓶上，装置冷凝管和滴液漏斗，在冷凝管上端装一个氯化钙干燥管。瓶中加入 1.15 g 切成条的金属钠，由滴液漏斗加入 25 mL 绝对乙醇，控制速度，使乙醇保持沸腾。待金属钠反应完全，加入 0.6 g 粉状碘化钾，水浴加热至沸，待溶解，加入 6.4 mL 乙酰乙酸乙酯。在加热回流下慢慢滴加 6.3 mL 正溴丁烷，继续回流 3 h。溶液冷却后，使上层液与固体溴化钠分离，用少量乙醇洗涤溴化钠，与溶液合并常压蒸去乙醇。粗产物用 5 mL 1%盐酸洗涤，水层用 5 mL 二氯甲烷萃取一次，油层与萃取液合并，用 5 mL 水洗涤。用无水硫酸镁干燥后，收集产品。

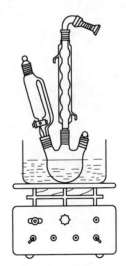

图 4.30　2-庚酮制备装置图

（3）在 100 mL 三颈瓶中加入 25 mL 5%氢氧化钠和正丁基乙酰乙酸乙酯，加热至 80 ℃左右，搅拌 30 min，在搅拌下慢慢加入 8 mL 20%硫酸溶液。使气体放出完全，改蒸馏装置，收集馏出物。分出油层，水层用每次 5 mL 二氯甲烷萃取两次，与油层合并，再用 5 mL 40%氯化钙溶液洗涤一次。用无水硫酸镁干燥，蒸馏收集馏分。

【注意事项】

（1）有金属钠参与反应，仪器药品须进行无水处理，同时注意安全。

（2）第二步实验须用绝对乙醇，若有极少量的水，将会使正丁基乙酰乙酸乙酯的产率降低。

（3）由于溴化钠的生成，会出现剧烈崩沸现象，如采用搅拌装置可以避免这种现象。

（4）第三步实验要注意，激烈地放出二氧化碳，防止冲料。

五、思考题

（1）本实验有哪些副反应？

（2）实验中加入金属钠的目的是什么？

5 天然有机物的提取及分离

实验四十六 水蒸气蒸馏法从烟叶中提取烟碱

一、实验目的

(1) 学习从烟草中提取烟碱的基本原理和方法，初步了解烟碱的一般性质。

(2) 进一步学习水蒸气蒸馏法分离提纯有机物的基本原理和操作技术。

二、实验原理

烟草中含有多种生物碱，除主要成分烟碱（2%~8%）外，还含有去甲基烟碱（即将烟碱）、假木贼碱（即新烟碱）和至少 7 种微量的生物碱。烟碱是由吡啶和吡咯两种杂环组成的含氮碱，又称尼古丁，纯品为无色油状液体，沸点 246 ℃，具有旋光性（左旋），能溶于水和许多有机溶剂。其结构式为：

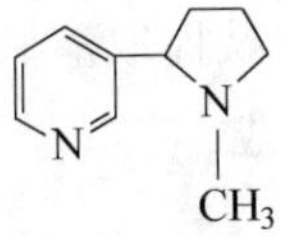

烟碱是含氮的碱性物质，很容易与盐酸反应生成烟碱盐酸盐而溶于水，因此可用稀盐酸提取，在酸的提取液中加入强碱 NaOH 后可使烟碱游离出来。游离烟碱在 100 ℃ 左右具有一定的蒸气压，因此，可用水蒸气蒸馏法提取。

烟碱由于分子内有两个氮原子，故碱性比吡啶强，可以使红色石蕊试纸变蓝，也可以使酚酞试剂变红。烟碱同其他生物碱一样，可以与生物碱试剂，如碘化汞钾、柠檬酸、磷钨酸、苦味酸（2,4,6-三硝基苯酚）等形成难溶性化合物，容易被高锰酸钾氧化而生成烟酸。

三、仪器和试剂

（一）主要仪器

天平、圆底烧瓶、球形冷凝管、长颈圆底烧瓶、接收瓶、滴管、试管。

（二）主要试剂

烟叶、10% HCl 溶液、40% NaOH 溶液、0.1%酚酞试剂、0.5% HOAc 溶液、

碘化汞钾试剂、红色石蕊试纸。

四、实验步骤

（一）烟酸的提取

称取烟叶 5 g 于 100 mL 圆底烧瓶中，加入 10% HCl 溶液 50 mL，装上球形冷凝管沸腾回流 20 min。待瓶中反应混合物冷却后倒入烧杯中，在不断搅拌下慢慢滴加 40% NaOH 溶液至呈明显的碱性（用红色石蕊试纸检测）。然后将混合物转入 500 mL 长颈圆底烧瓶中（或三颈瓶），安装好水蒸气蒸馏装置进行水蒸气蒸馏，收集约 40 mL 提取液后，停止烟碱的提取。

（二）烟碱的一般性质

碱性实验：取一支试管，加入 10 滴烟碱提取液，再加入 1 滴 0.1% 酚酞试剂，振荡，观察有何现象。

（1）烟碱的氧化反应。取一支试管，加入 20 滴烟碱提取液，再加入 1 滴 0.1% 酚酞试剂，摇动试管，微热，观察溶液颜色是否变化，有无沉淀产生。

（2）与生物碱试剂反应。

1）取一支试管，加入 10 滴烟碱提取液，然后逐滴滴加饱和苦味酸，边加边振荡，观察有无黄色沉淀生成。

2）取一支试管，加入 10 滴烟碱提取液和 5 滴 0.5% HOAc 溶液，再加入 5 滴碘化汞钾试剂，观察有无沉淀生成。

【注意事项】

（1）目的是使烟碱盐酸盐转变成游离烟碱，以便于随水蒸气蒸出。

（2）蒸馏时不能沸腾太剧烈，以免很细的固体物产生泡沫，冲出蒸馏瓶进入接收瓶，影响提取物的质量。

（3）烟碱是剧毒物，致死剂量约为 60 mg，因此操作时务必小心。如不慎手上沾有烟碱提取液，应用水冲洗后再用肥皂擦洗。

（4）苦味酸是一种烈性炸药，使用时应注意正确操作与安全防护。

五、思考题

（1）为何要用盐酸溶液提取烟碱？

（2）水蒸气蒸馏提取烟碱时，为何要用 40% NaOH 溶液中和至呈明显的碱性？

（3）与普通蒸馏相比，水蒸气蒸馏有何特点？

实验四十七　从黑胡椒中提取胡椒碱

一、实验目的

认识胡椒碱的结构，学习胡椒碱的提取原理与方法。

二、实验原理

胡椒碱具有香味和辛辣味，是菜肴调料中的佳品。黑胡椒中含有大约 10%的胡椒碱和少量胡椒碱的几何异构体佳味碱（Chavicin）。黑胡椒的其他成分：淀粉（20%~40%）、挥发油（1%~3%）、水（8%~12%）。胡椒碱为 1,4-二取代丁二烯结构：

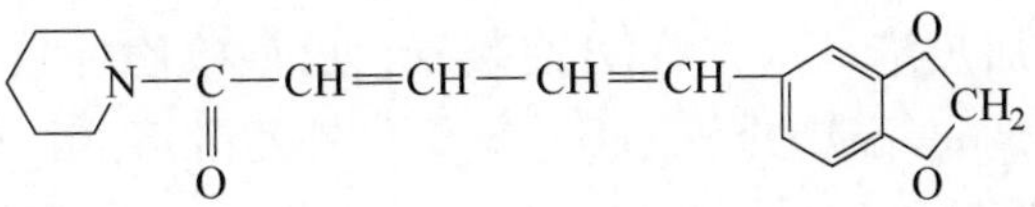

将磨碎的黑胡椒用乙醇加热回流，可以方便地萃取胡椒碱。在乙醇的粗萃取液中，除了含有胡椒碱和佳味碱外，还有酸性树脂类物质。为了防止这些杂质与胡椒碱一起析出，把稀的氢氧化钾醇溶液加热至浓缩的萃取液中使酸性物质成为钾盐而留在溶液中，以避免胡椒碱与酸性物质一起析出，而达到提纯胡椒碱的目的。

酸性物质主要是胡椒酸，它是下面四个异构体中的一个，只要测定水解所得胡椒酸的熔点，就可说明其立体结构。

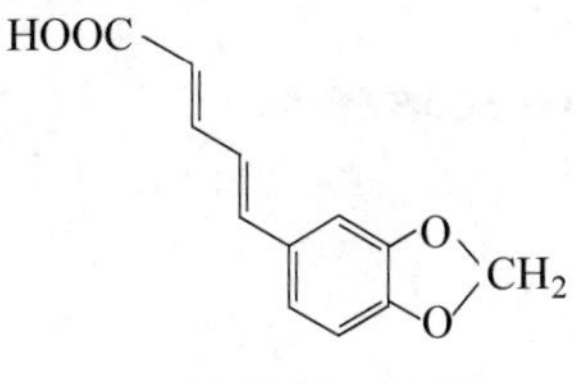

熔点215~217℃

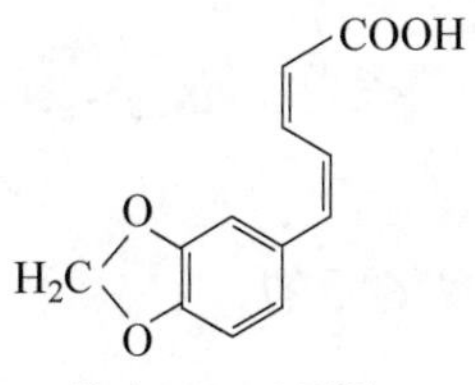

熔点200~202℃

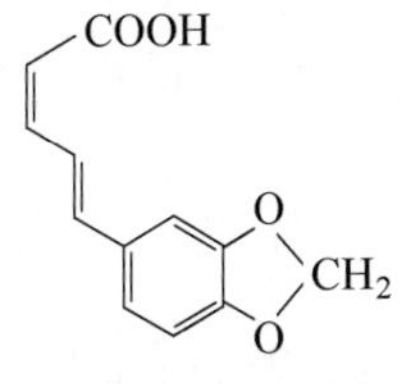

熔点154~156℃

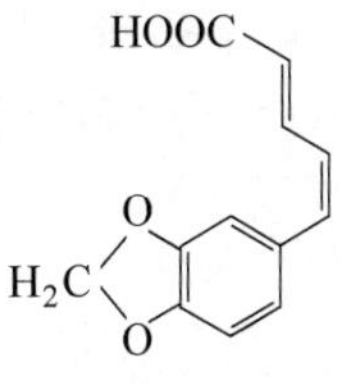

熔点134~136℃

三、仪器与试剂

（一）主要仪器

圆底烧瓶、回流冷凝管、抽滤瓶、抽滤泵、布氏漏斗、水浴锅、烧杯。

（二）主要试剂

黑胡椒（市售）、乙醇（CP）含量95%、2 mol/L 氢氧化钾乙醇溶液、丙酮（CP）。

四、操作步骤

将磨碎的黑胡椒 15 g 和 95%乙酸 150~180 mL 放在圆底烧瓶中（用 Soxhlet 提取器效果最好，所需溶剂量较少），装上回流冷凝管，缓缓加热回流 3 h（由于沸腾混合物中有大量的黑胡椒碎粒，因此应小心加热，以免暴沸），稍冷后抽滤。滤液在水浴上加热浓缩（采用蒸馏装置，已回收乙醇），至残留物为 10~15 mL。然后加入 15 mL 温热的 2 mol/L 氢氧化钾乙醇溶液，充分搅拌，过滤除去不溶物质。将滤液转移到另一烧杯，置于热水浴中，慢慢滴加 10~15 mL 水，溶液出现混浊并有黄色结晶析出。经冰水浴冷却，过滤分析出的胡椒碱沉淀，经干燥后重约 1 g，为黄色。粗产品用丙酮重结晶，得浅黄色针状晶体，熔点为 129~130 ℃。

本实验约需 8 h。

五、思考题

（1）胡椒碱应归入哪一类天然化合物？

（2）实验得到的胡椒碱是否具有旋光性？为什么？

实验四十八　　从橘皮中提取果胶

一、实验目的

（1）了解从果皮中提取果胶的基本原理和方法。

（2）进一步熟悉抽滤、浓缩等基本操作。

（3）通过实验，了解农副产品综合利用的意义。

二、实验原理

果胶物质是一类植物胶，属多糖类，存在于高等植物叶、茎、根的细胞壁之间，在橙属水果的皮、苹果渣、甜菜渣中含量达 20%~50%。果胶物质包括原果胶、可溶性果胶及果胶酸等数种。多糖原果胶是可溶性果胶与纤维素缩合成的高分子化合物，不溶于水，在稀酸或酶的作用下能水解成可溶性果胶。

可溶性果胶（简称果胶，也称果胶酯酸）的基本成分是 α-D-半乳糖醛酸甲酯及部分 α-D-半乳糖醛酸的缩合物。

果胶为粉末状物质，呈黄或白色，无臭，能溶于 20～40 倍水中成黏稠状溶液，不溶于乙醇及一般有机溶剂。本实验将橘皮用稀酸水解浸提，再用乙醇将可溶性果胶从水浸提取液中沉淀析出。

果胶用途广泛，主要用作食品的凝冻剂、增稠剂。医药上用以治疗胃肠溃疡，还因它与铅、汞等形成不溶性盐，故也可用于重金属中毒的解毒剂。

三、仪器与试剂

（一）主要仪器
烧杯、量筒、温度计、纱布、超滤装置、剪刀、蒸发皿。
（二）主要试剂
10%盐酸、95%乙醇、新鲜橘皮、活性炭、pH 试纸。

四、实验步骤

将 20 g 新鲜橘皮切成 1～2 mm 宽的细条，用 60 ℃左右的热水洗涤两次。将橘皮置于 250 mL 烧杯中加蒸馏水 40 mL，用 10%盐酸将溶液调至 pH＝2（用 pH 试纸检测），不断搅拌下加热至 75 ℃，在此温度下水解 1.5 h（注意补充适量水，以使水保持 40 mL）。趁热用三层纱布挤滤出提取液于 150 mL 烧杯中，弃去滤渣，保留滤液。加 95%乙醇 50 mL 于滤液中，此时沉淀出絮状果胶。滤出液体，即得果胶。将果胶用冷水洗涤一次，弃去液体。果胶加 20 mL 蒸馏水、0.5 g 活性炭，于 70 ℃温度下脱色 10 min，趁热抽滤。将滤液倒入蒸发皿中，再加 30 mL 95%乙醇再次沉淀、过滤，制得白色果胶。

【注意事项】
（1）洗去可溶性糖和杂质。
（2）制备果胶必须保持低温，整个过程不宜高于 75 ℃，否则颜色会变深。
（3）温度下降后，果胶水溶性降低。
（4）用作沉淀的有机溶剂，应选择无毒的，以保证果胶的安全使用。
（5）根据用途不同，有时制备果胶时不加活性炭脱色。如作饮料着色剂，则需保留果胶原有的橘黄色。因此果胶有白色和黄色之分。
（6）果胶为高分子糖类，黏度大、成型难。这里所得果胶，可用稀乙醇洗涤，低温真空烘干，得胶状果胶。若用真空喷雾干燥，可得粉状果胶，通常成品为粗粒状。

五、思考题

（1）果胶具有哪些性质和用途？

（2）提取果胶时，为什么要选用无毒的乙醇溶剂沉淀？

（3）果胶提取过程中为什么温度不能过高？

实验四十九　从茶叶中提取咖啡因

一、实验目的

（1）学习茶叶中提取咖啡因的原理和方法。

（2）巩固升华及索氏提取器的实验操作。

（3）了解超声波提取咖啡因的原理与操作。

二、实验原理

咖啡因属嘌呤生物碱，有弱碱性，化学名称是 1,3,7-三甲基-2,6-二样嘌呤，结构式为：

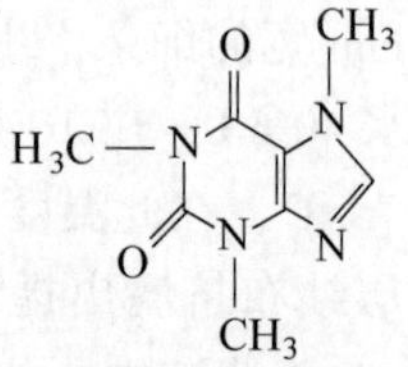

咖啡因易溶于沸水、乙醇、丙酮和二氯甲烷等，可用有机溶剂提取，100 ℃时失去结晶水开始升华，178 ℃升华为针状晶体，故可用升华法提纯。

三、仪器与试剂

（一）主要仪器

索氏提取器、圆底烧瓶、120°弯管、直形冷凝管、接收管、蒸发皿、白色瓷板、坩埚钳、普通漏斗、超声波清洗机、显微熔点测定仪。

（二）主要试剂

茶叶、95%乙醇、生石灰、盐酸、氯酸钾、氨水。

四、实验步骤

（一）提取

1. 索氏提取器提取法

将 10 g 研细的茶叶用滤纸包好，放入提取器的提取筒内，见图 5.1，烧瓶中加入 70~80 mL 95%乙醇和沸石，加热，液体沸腾后开始回流，液体在提取筒中蓄积，使筒体进入液体中。当液面超过虹吸管顶部时，蓄积的溶液回到烧瓶中。重复上述操作 5 次以上。稍冷后，将提取液转移到圆底烧瓶中，加入沸石，蒸馏回收乙醇，见图 5.2。当剩余液约 10 mL 时，趁热将瓶中剩余液体倒入蒸发皿中，留作升华提取咖啡因用。

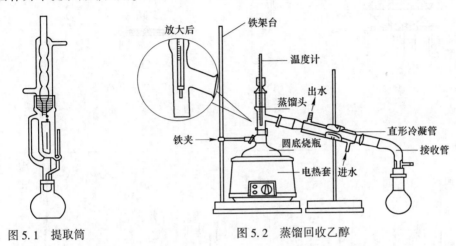

图 5.1　提取筒　　　　　　　　图 5.2　蒸馏回收乙醇

2. 超声波提取法

在装有回流装置的圆底烧瓶中加入 10 g 茶叶与 70~80 mL 95%乙醇，室温下超声提取 30 min，倾出提取液，加入沸石，蒸馏回收乙醇。当剩余液约 5 mL 时，趁热将瓶中剩余液倒入蒸发皿中，留作升华提取咖啡因用。

3. 升华法提纯咖啡因

向盛有提取液的蒸发皿中加入 4 g 生石灰粉，拌成糊状，取一个合适大小的玻璃漏斗罩在蒸发皿上，漏斗颈口用脱脂棉堵住，两者之间用一张穿有许多小孔（孔刺向上）的滤纸隔开，见图 5.3，小火小心加热升华。当有棕色烟雾时，升华开始，停止加热。当棕色烟雾很小时，升华完成。冷却，取下漏斗，轻轻揭开滤纸，将滤纸上的咖啡因刮下。残渣搅拌后，用较大的火再加热片刻，使升华完全，合并两次升华的咖啡因。

称量，计算收率，并比较两种提取方法收率的大小。

（二）表征

用显微熔点测定仪测定样品的熔点，与文献值比较；用 IR 及 1HNMR 对样品进行表征，并与标准谱图进行比较分析。

咖啡因，熔点为 235 ℃，含结晶水的咖啡因是具有绢丝光泽的无色针状晶体，味苦，易溶于沸水、乙醇、丙酮和二氯甲烷等，微溶于冷水；标准红外光谱和核磁共振分别如图 5.4 和图 5.5 所示。

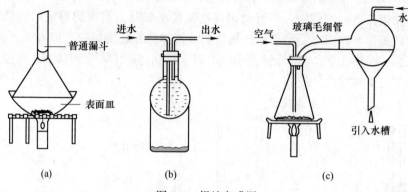

图 5.3　提纯咖啡因

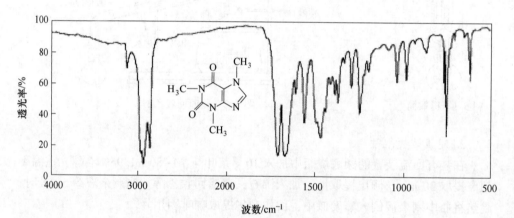

图 5.4　咖啡因的红外光谱

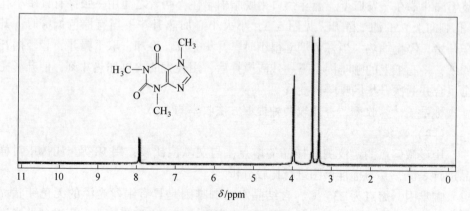

图 5.5　咖啡因的核磁共振氢谱

【注意事项】

（1）不可蒸得太干，以免因残液很黏而难以转移，造成损失。

（2）拌入石灰石要均匀。生石灰除吸水外，还起中和作用，以去除酸性物质。

（3）升华前要除尽水分，但注意不能将茶叶炒焦。

（4）滤纸刺孔时，孔径要大，排列紧密、均匀，用时孔刺朝上。

（5）升华时须严格控制温度，注意小心加热，逐渐升温，尽可能使升华速度慢一些，提高结晶纯度。若温度太高，会使产物发黄（分解），导致产品不纯，并且有损失。

（6）再升华是为了使升华安全，也要严格控制加热温度，一定要控制在固体化合物熔点以下。

（7）刮下咖啡因时要小心操作，防止混入杂质。

五、思考题

（1）本实验中使用生石灰的作用有哪些？

（2）除可用乙醇萃取咖啡因外，还可采用哪些溶剂萃取？

（3）从茶叶中提取出的粗咖啡因有绿色光泽，为什么？

【附注】

咖啡因存在于茶叶和咖啡豆等多种植物组织中。茶叶中含咖啡因 $1\% \sim 5\%$，单宁酸（或称鞣酸）$11\% \sim 12\%$，色素、纤维素、蛋白质等约 0.6%，还含少量的茶碱和可可豆碱。咖啡因又称咖啡碱，具有刺激心脏、兴奋大脑神经和利尿等作用，主要用作中枢神经兴奋药。它是复方阿司匹林等药物的组成之一。

实验五十　红辣椒中色素的分离

一、实验目的

（1）学习从红辣椒中分离提取红色素的方法。

（2）巩固薄层色谱和柱色谱方法分离和提取天然产物的原理和实验方法。

二、实验原理

红辣椒中含有多种色素，已知的有辣椒红、辣椒玉红素和 β-胡萝卜素，它们都属于类胡萝卜素化合物，从结构上说都属于四萜化合物。其中辣椒红是以脂肪酸脂的形式存在的，它是辣椒呈深红色的主要原因。辣椒玉红素可能也是以脂肪酸脂的形式存在的。

辣椒红结构式:

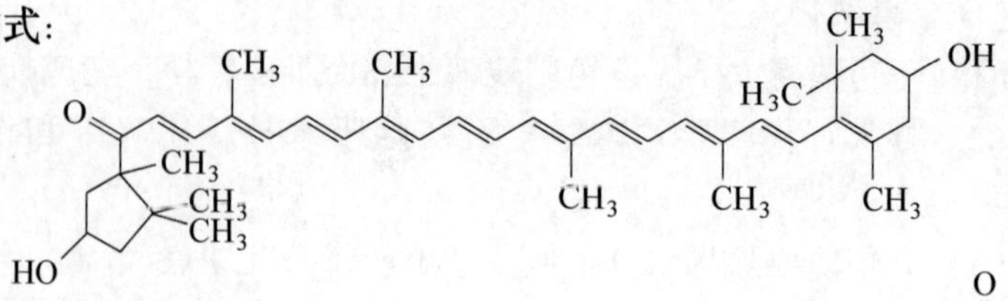

辣椒红脂肪酸酯结构式:

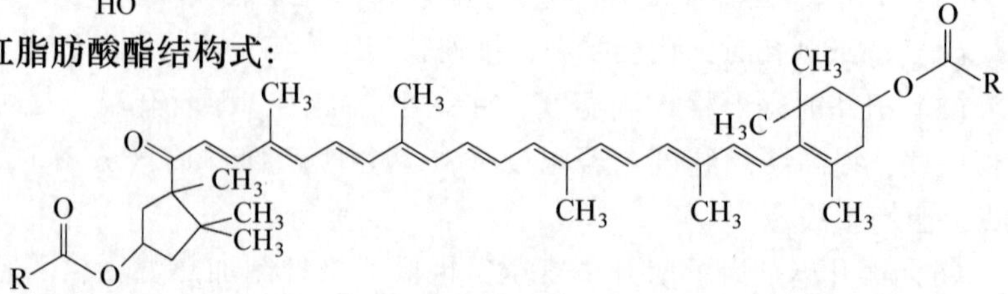

辣椒玉红素结构式:

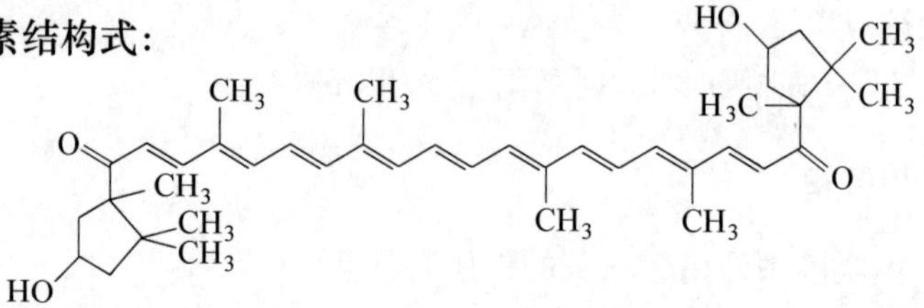

β-胡萝卜素结构式:

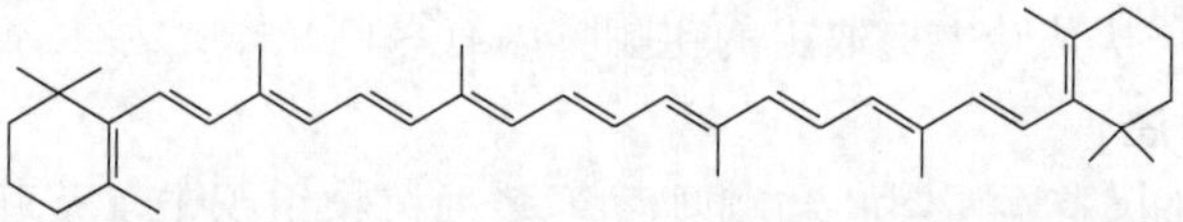

本实验是以二氯甲烷为萃取溶剂,从红辣椒中萃取出色素,经浓缩后用薄层色谱法做初步分析,再用柱色谱法分离出红色素,用红外光管鉴定并测定其紫外吸收。

三、仪器与试剂

(一) 主要仪器

研钵、圆底烧瓶、回流冷凝管、水浴锅、抽滤装置、硅胶薄层板、柱色谱柱。

(二) 主要试剂

红辣椒、二氯甲烷、沸石、石油醚、硅胶。

四、实验步骤

(一) 色素的提取和浓缩

将干的红辣椒剪碎研细,称取 2 g,置于 25 mL 圆底烧瓶中,加入 20 mL 二氯甲烷和 2~3 粒沸石,装上回流冷凝管,水浴加热回流 30~40 min,冷至室温后抽滤。将所得滤液用水浴加热蒸馏浓缩至约 5 mL 残液,即为混合色素的浓缩液。

（二）薄层色谱分离

用薄层色谱实验的方法铺制硅胶薄层板（2.5 cm×7.5 cm）6块，晾晒并活化后取出一块，用平口毛细管汲取前面制得的混合色素浓缩液点样，用1体积石油醚（30~60 ℃）与3体积二氯甲烷的混合液作展开剂，展开后记录各斑点的大小、颜色并计算其R_f。已知R_f最大的三个斑点是辣椒红脂肪酸脂、辣椒玉红素和β-胡萝卜素，试根据它们的结构分别指出这三个斑点的归属。

（三）柱色谱分离

选用内径1 cm、长约20 cm的色谱柱，按照柱色谱实验中所述的方法，用硅胶10 g（100~200目）在二氯甲烷中装柱。柱装好后用滴管汲取混合色素的浓缩液，仍按照柱色谱的方法将混合液加入柱顶，小心冲洗内壁后改用体积比为3∶8的石油醚（30~60 ℃）-二氯甲烷混合液洗脱，用不同的接收瓶分别接收先流出柱子的三个色带。当第三个色带完全流出后停止洗脱。

（四）柱效和色带的薄层检测

取3块硅胶薄层板，画好起始线，用不同的平口毛细管点样。每块板上点两个样，其中一个是混合色素浓缩液，另一个分别是第一、第二、第三色带。仍用体积比为1∶3的石油醚-二氯甲烷混合液作为展开剂展开。比较各色带的R_f，指出各色带是何化合物，观察各色带点样展开后是否有新的斑点产生，推估柱色谱分离是否达到了预期效果。

（五）红色素的红外光谱鉴定和紫外吸收

将柱中分得的红色带浓缩蒸发至干，充分干燥后用溴化钾压片法做红外光谱图，与红色素纯样品的谱图相比较，并说明在3100~3600 cm^{-1}区域中为什么没有吸收峰。

用自己分得的红色素做紫外光谱，确定γ_{max}。

【注意事项】

（1）也可采用索氏提取。

（2）本展开剂一般能获得良好的分离效果。如果样点分不开或严重拖尾，可酌减点样量或稍增二氯甲烷比例。

（3）混合色素浓缩液应留出1~2滴作第4步使用。

（4）此洗脱剂一般可获得良好的分离效果，如色带分不开，可酌增二氯甲烷的比例。

四、思考题

（1）色谱柱中有气泡会对分离带来什么影响？如何除去气泡？

（2）如果欲直接用纸色谱法以乙酸乙酯展开辣椒色素的提取液，试比较辣椒红脂肪酸酯、辣椒玉红素和β-胡萝卜素的R_f？

实验五十一　从头发中提取 L-胱氨酸

一、实验目的

（1）学习并掌握实验室中用水解法用人发制备并精制 L-胱氨酸的方法。

（2）通过计算胱氨酸提取产率分析实验效果。

二、实验原理

人发是一种角蛋白，是由各种不同氨基酸组成的复合体，角蛋白在加热条件下酸解成各种不同的氨基酸的混合液。本实验是用已洗净并干燥的人发加热酸解，然后用醋酸钠溶液调节 pH 值至胱氨酸等电点（5.0左右）时，胱氨酸从水解液中沉淀出来。利用活性炭的吸附原理可使胱氨酸粗制品脱色，再经过乙醇等进一步的洗涤干燥，即可得到所需的氨基酸。

三、仪器与试剂

（一）主要仪器

回流冷凝管、电热套、温度计、铁架台、铁夹、三颈烧瓶、橡胶管、牛角管、玻璃漏斗、抽滤瓶、布氏漏斗、真空泵、烧杯、滤纸、量筒、pH 试纸、比色皿、玻璃棒、胶头滴管、电子天平。

（二）主要试剂

（1）试剂的配置：35%盐酸溶液、15%盐酸溶液、10%醋酸钠溶液、30%醋酸钠溶液、活性炭1瓶、75%乙醇溶液。

（2）材料的处理：将头发用热水洗3~4次，直至洗净，然后晒干。

（3）工艺路线：人发洗涤去杂质烘干→毛发+35%盐酸在110~118 ℃水解加热 6 h→水解液+30%醋酸钠溶液中和至 pH 值到4.8~5.1（50~60 ℃）放置，过滤→粗品+15%盐酸+5%活性炭加热 0.5 h→过滤→滤液+10%醋酸钠溶液中和至 pH 值到4.8~5.1放置→过滤→结晶用 75%乙醇溶液洗涤 70 ℃左右烘干→计算产率。

四、实验步骤

（一）水解

称取 100 g 人发和 150 mL 35%盐酸溶液于 1000 mL 的三颈烧瓶中，左口装温度计，右口装橡皮塞，中口安装回流装置，在球形冷凝管上方用尾接管、橡胶管和漏斗将盐酸溶液导入水中，打开电热套加热，从沸腾开始计时，在 110 ~

118 ℃之间回流 6 h。在布氏漏斗内垫上三层滤纸，热抽滤得滤液，倒回三颈烧瓶中，留次日使用。

（二）中和

将滤液加热至 80 ℃左右，慢慢加入醋酸钠晶体，不断搅拌，调整 pH = 4.5～5，静置，胱氨酸慢慢从溶液中析出。

（三）脱色

将粗品称量后放入三颈烧瓶内，加入粗品量约 30% 的 15% 盐酸溶液，粗品质量 4%～5% 的活性炭，煮沸，搅拌脱色。

（四）结晶与提纯

取上述滤液用醋酸钠中和，调节 pH 值到 4.5～5.0，此时即有大量白色沉淀产生。过滤，用 75% 乙醇洗几次，在 70 ℃左右进行烘干，得到的白色粉末状晶体即是胱氨酸。为了保证胱氨酸的纯度，可依上法反复结晶。

【注意事项】

（1）温度的控制：温度对于水解很重要，温度低，反应时间长；温度高，虽可加快水解，但对胱氨酸有破坏作用。生产中，水解温度多控制在 110 ℃，中和及脱色温度控制在 70～80 ℃，以防止其他氨基酸析出。

（2）用醋酸钠晶体中和前，溶液呈黄色，中和到快要达到等电点时，溶液变为橙红色；再加入少量醋酸钠晶体，即有白色沉淀析出。中和时选用醋酸钠晶体最为适宜，因为醋酸钠与盐酸生成醋酸，胱氨酸不溶于醋酸，有利于调高产率。

五、思考题

（1）如果 pH 值调节不好会发生什么现象？

（2）活性炭需要加入多少合适？为什么？

实验五十二　从大蒜中提取大蒜素

一、实验目的

本实验旨在探究大蒜素的提取方法及提取效果，并获得相应的数据证据，为大蒜素的科学应用提供参考。

二、实验原理

大蒜素，也称二烯丙基硫化物，是大蒜中的一种有机化合物，具有抗菌、抗肿瘤、抗血脂、防止动脉硬化等多种作用。大蒜素的提取主要利用其在水中的溶解度低和有机溶剂中的溶解度高的特性，选择适当的溶剂将其从大蒜中提取出来。常用的溶剂有酒精、丙酮、乙醚、甲酸甲酯等。

三、仪器与试剂

（一）主要仪器

离心管、移液管、紫外-可见分光光度计、旋转蒸发仪、打气机、万能试验机。

（二）主要试剂

大蒜、丙酮、二甲苯、二氯甲烷。

四、实验步骤

（1）将大蒜去皮、打碎、过筛、得到大蒜粉末。

（2）以粉末质量的 3 倍加入丙酮，浸泡 30 min，并在打气机中搅拌 30 min。

（3）将浸泡过的混合物过滤，收集过滤液（大蒜素溶液）。

（4）将大蒜素溶液旋转蒸发至干燥。

（5）将干燥的大蒜素物质加入二甲苯，并在离心机中离心 10 min 去除残留物。

（6）将离心液旋转蒸发干燥，得到大蒜素。

（7）用紫外-可见分光光度计检测大蒜素溶液的吸收峰位置和吸收峰的强度。

【实验参数】

（1）大蒜粉末质量：30 g；

（2）丙酮用量：90 mL；

（3）二甲苯用量：50 mL；

（4）溶液浓度：0.02 mol/L；

（5）旋转蒸发温度：30 ℃；

（6）干燥时间：2 h；

（7）离心机转速：1000 r/min；

（8）紫外-可见分光光度计波长范围：200~400 nm。

【实验数据】

（1）大蒜素提取率：为了探究大蒜素的提取效果，我们将实验中提取的大蒜素与原料大蒜的量进行比较，计算提取率。实验测得 30 g 大蒜中含有 1.2 g 大蒜素，提取率为 4%。

（2）洗涤质量：对离心液样品进行测量，实验测得每 50 mL 的离心液约含有 0.4 g 的大蒜素。

（3）吸收峰强度：将 50 μL 浓度为 0.02 mol/L 的大蒜素溶液注入紫外-可见

分光光度计，检测到吸收峰位置为 246 nm，吸收峰强度为 1.96。

【注意事项】

（1）在实验过程中应注意安全，使用有机溶剂时要远离火源，避免火灾事故。

（2）在制备大蒜素溶液时，应尽可能控制丙酮用量，避免超量使用影响提取效果和质量。

（3）使用紫外-可见分光光度计时应严格按照操作规范操作。

五、思考题

（1）实验过程中离心机离心速度过高或过低会有什么影响？

（2）旋转蒸发应注意控制温度，温度过高或过低会有什么影响？

实验五十三　肉桂中肉桂醛的提取和鉴定

一、实验目的

（1）掌握肉桂醛的提取和鉴定方法。

（2）掌握水蒸气蒸馏的原理。

二、实验原理

肉桂醛（cinnnamaldehyde）是肉桂树皮中肉桂油的主要成分，肉桂油是一种重要的香精油。肉桂醛的沸点为 252 ℃，$d_4^{20} = 1.0497$，$n_D^{20} = 1.6220$，为略带浅黄色油状液体，难溶于水，易溶于苯、丙酮、乙醇、二氯甲烷、三氯甲烷、四氯化碳、石油醚等有机溶剂。肉桂醛易被氧化，长期放置，经空气中氧慢慢氧化成肉桂酸。肉桂油中肉桂醛主要为反式异构体，学名为反-3-苯基丙烯醛，结构式如下：

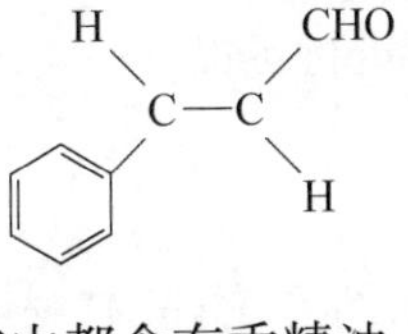

许多植物的根、茎、叶、花中都含有香精油，由于其中大部分都是易挥发性的，所以常使用水蒸气蒸馏的方法进行分离提取。由于肉桂油难溶于水，能随水蒸气蒸发，因此可用水蒸气蒸馏的方法从肉桂皮中提取出肉桂油。然后将水中肉桂油用石油醚萃取出，最后除去溶剂石油醚得到肉桂油。

肉桂油中主要成分是肉桂醛，利用肉桂醛具有加成和氧化的性质进行肉桂醛官能团的定性鉴定，这种方法具有简单操作、反应快等特点，对化合物鉴定非常有效。肉桂醛也可用薄层色谱、红外光谱等进一步鉴定。

三、仪器与试剂

（一）主要仪器
三颈烧瓶、蒸馏冷凝管、圆底烧瓶、加热套。

（二）主要试剂
肉桂皮 15 g、石油醚（沸点 60~90 ℃）、无水 Na_2SO_4、3% Br/CCl_4。

四、实验步骤

（一）肉桂醛的提取

（1）水蒸气蒸馏提取：取 15 g 肉桂皮放入 250 mL 三颈烧瓶中，加 50 mL 热水和几粒沸石，如图 3.15 所示安装好水蒸气蒸馏装置，进行水蒸气蒸馏。肉桂油与水的混合物与乳浊液流出，当收集约 80 mL 馏出液时，停止蒸馏。

（2）萃取：将馏出液转移至分液漏斗，用 30 mL 石油醚分三次萃取。合并石油醚层，加少量无水 Na_2SO_4，干燥 30 min。

（3）蒸馏浓缩：将干燥后的石油醚转入 50 mL 圆底烧瓶中。

（二）肉桂油中肉桂醛的鉴定

减压蒸馏提取的有机物馏分呈淡黄色，有辛香味，几乎不溶于水。先用 Br_2-CCl_4 鉴定，Br_2-CCl_4 溶液褪色，说明双键的存在；然而用 2,4-二硝基苯肼溶液鉴定，发现有橙红色沉淀生成，说明羰基的存在。因此，根据肉桂醛的特征反应进行判定，从肉桂皮中提取的有机物是肉桂醛。

本实验约需 6 h。

【注意事项】

（1）肉桂皮要用粉碎机粉碎或用研钵研碎，否则影响提取效率。

（2）水蒸气蒸馏时，肉桂皮粉很容易堵塞水蒸气导气管。要随时打开 T 形管上的铁夹，使导气管畅通后再进行蒸馏。

五、思考题

（1）为什么采用水蒸气蒸馏的方法提取肉桂醛？除了用水蒸气蒸馏的方法提取外，还可用什么方法？

（2）本实验中还可以采取哪些方法来鉴定肉桂油中的主要成分？

6 有机化学在工业中的应用

6.1 有机浮选药剂测定分析

实验五十四 松醇油的测定

起泡剂在浮选过程中的应用早于捕收剂。它是一种表面活性物质，多为异极性的有机物，分子的一端显极性，另一端为非极性，极性基亲水，非极性基亲气，在水气界面形成定向排列，降低水的表面张力，故有起泡作用。常用的起泡剂有醇类（如萜烯醇、脂肪醇）、醚类、醚醇类和酯类等。起泡剂的分析方法也因各种起泡剂的结构和性质而异。

松醇油（通称 2 号油）是由松节油水合而成的有机化合物。它是一种复杂的混合物，主要成分为萜烯醇，其化学结构有三种：

α-萜烯醇　　　　　β-萜烯醇　　　　　γ-萜烯醇

除萜烯醇外，其余为萜烯类的其他化合物，如松油精等。松醇油是黄棕色油状透明液体。相对密度为 $D_1^{20} > 0.890$，微溶于水。松醇油是目前国内外普遍使用的一种起泡剂，它生成的泡沫大小均匀，稳定，适宜浮选，且价格便宜，来源广，易于生产。

松醇油的测定项目包括三项内容：（1）萜烯醇含量的测定；（2）水分的测定；（3）杂质含量的测定。

一、萜烯醇含量的测定

（一）主要仪器

气相色谱仪、微量注射器、称量瓶、精密天平。

（二）主要试剂

聚乙二醇癸二酸酯、磷酸三甲酯（内标物）。

（三）步骤

色谱条件如下：

检测器：热导池检测器；

色谱柱：$\phi 3$ mm×3000 mm 不锈钢柱；

固定液：聚乙二醇癸二酸酯；

担体：102 白色担体（60～80 目，即 0.246～0.175 mm）；

液担比：10%；

柱温：170 ℃；

汽化室温度：230 ℃；

检测室温度：230 ℃；

载气：氢气；

气体流量：$(50～70)×10^{-3}$ mL/min；

记录纸速：10 mm/min；

进样量：$3×10^{-3}$ mL/m³。

称取试样 1.5 g（准确到 0.0001 g），放于 $\phi 30$ mm×50 mm 称量瓶中，加入 0.5 g（准确到 0.0001 g）内标物磷酸三甲酯，摇匀。待仪器稳定后即可进行测定。

（四）计算

$$萜烯醇含量 = \frac{A_i F_i K}{A_s} × 100\%$$

式中　A_i——待测组分的峰面积；

　　　K——内标物与试样质量之比；

　　　F_i——待测组分的相对校正因子（参阅表 6.1 各组分对磷酸三甲酯的相对校正因子表）；

　　　A_s——内标物的峰面积。

表 6.1　各组分对磷酸三甲酯的相对校正因子

组分	桉叶素	萜烯乙醚	α-萜烯醇	β-萜烯醇	小茴香醇
相对校正因子 F_i	0.97	1.02	1	1	1

二、水分的测定

（一）主要仪器

烧杯、电炉、分流漏斗、量筒。

（二）步骤

（1）量取 1000 mL 试样，放于 1500 mL 烧杯中。

（2）在水浴上加热到 70 ℃，半小时后移入 1000 mL 分液漏斗中，静置半小时。

（3）分离出下层水相，测量水分体积，计算试样的水分含量。

三、杂质含量的测定

（一）主要仪器

砂芯漏斗、烘箱、天平、烧杯。

（二）步骤

称取 10 g 试样，用清洁、干燥、恒重过的砂芯漏斗过滤。滤完后，静置 15 min，将漏斗放入烘箱内，在 100 ℃下干燥 1 h，称重。

（三）计算

$$杂质含量 = \frac{A - B}{W} \times 100\%$$

式中　A——漏斗与杂质总质量，g；

　　　B——漏斗质量，g；

　　　W——试样质量，g。

实验五十五　25 号黑药的分析

二硫代磷酸盐是一种含硫、磷的有机化合物，是多年来世界各国普遍使用的浮选药剂，主要用作硫化矿捕收剂，兼有起泡性能，选择性较好。分子结构中的主要官能团为：

$$>P \!\!\! \stackrel{\displaystyle S}{\diagdown_{\displaystyle SH(Me)}}$$

由于这类产品多为黑色油状液体，故俗称"黑药"。

25 号黑药是甲酚与 25% 五硫化二磷作用而成，其学名为二甲酚基二硫代磷酸，结构式为：

$$CH_3 - \text{(苯环)} - O - \underset{\underset{SH}{|}}{\overset{\overset{S}{\|}}{P}} - O - \text{(苯环)} - CH_3$$

它是黑褐色或暗绿色油状液体，有硫化氢臭味，有腐蚀性，微溶于水。25号黑药的含量测定一般采用三次滴定法。

一、原理

二甲酚基二硫代磷酸含巯基（—SH），巯基能被碘氧化。同时二甲酚基二硫代磷酸又是弱酸，可被碳酸钠溶液中和。

25号黑药的主要成分是二甲酚基二硫代磷酸，并混有少量杂质，如甲硫酚（$CH_3C_6H_4SH$）、磷酸、硫化氢及微量无机酸。

三次滴定法在第一次滴定（V 滴定）时，是用碘标准溶液滴定的。被滴定的成分是二甲酚二硫代磷酸、甲硫酚及硫代氢，其反应式如下：

$$2\ \text{(二甲酚基二硫代磷酸)} + I_2 \longrightarrow \text{(二聚体)} + 2HI$$

$$2H_3C-\text{(苯环)}-SH + I_2 \longrightarrow H_3C-\text{(苯环)}-S-S-\text{(苯环)}-CH_3 + 2HI$$

$$H_2S + I_2 \longrightarrow 2HI + S\downarrow$$

第二次滴定（C_1 滴定），是用碳酸钠标准液进行滴定。被滴定的成分是碘氢酸（在第一次滴定时所产生的）和磷酸，其反应如下：

$$2HI + Na_2CO_3 \longrightarrow 2NaI + CO_2\uparrow + H_2O$$

$$2H_3PO_4 + Na_2CO_3 \longrightarrow 2NaH_2PO_4 + CO_2\uparrow + H_2O$$

第三次滴定（C_2 滴定），也是用碳酸钠标准液进行滴定。被滴定的成分是二甲酚基二硫代磷酸和磷酸，其反应如下：

$$2\ \text{(二甲酚基二硫代磷酸-SH)} + Na_2CO_3 \longrightarrow 2\ \text{(二甲酚基二硫代磷酸-SNa)} + CO_2\uparrow + H_2O$$

$$2H_3PO_4 + Na_2CO_3 \longrightarrow 2NaH_2PO_4 + CO_2\uparrow + H_2O$$

根据上述三次滴定，就可得出二甲酚基二硫代磷酸的含量。

二、主要仪器

精密天平、量筒、容量瓶、电炉、锥形瓶、滴瓶、酸式滴定管、比色管、烧杯。

三、主要试剂

0.5%淀粉指示剂、0.01 mol/L 碘标准液、无水碳酸钠、0.01 mol/L 碳酸钠标准液、0.1%甲基橙指示剂、松香、无水乙醇、2%松香乙醇溶液、氢氧化钠、盐酸、邻苯二甲酸氢钾、0.1%甲基红乙醇指示剂、缓冲保护胶溶液、C_1 终点标准比色液、C_2 终点标准比色液、硫代硫酸钠。

四、步骤

（一）pH=5.3 缓冲溶液制备

称取分析纯氢氧化钠 4 g，溶于 1000 mL 经煮沸过的蒸馏水中，以 0.1%甲基橙为指示剂。用已知浓度的盐酸或硫酸标准液标定。此溶液为 0.1 mol/L 氢氧化钠溶液。

称取分析纯邻苯二甲酸氢钾（预先在 100 ℃左右干燥 2 h）10.21 g，放入 500 mL 烧杯中，加蒸馏水 250 mL，在水浴上加热使之完全溶解。倒入 1000 mL 容量瓶中，用少量蒸馏水冲洗烧杯数次，冲洗液一并倒入容量瓶中，再加入 325 mL 0.1 mol/L 氢氧化钠溶液，然后加蒸馏水至刻度，摇匀。此为 pH=5.3 缓冲液。可用酸度计校正。

（二）缓冲保护胶溶液制备

量取 50 mL pH=5.3 缓冲溶液，加胶水（一般文具用胶水即可）10 mL。

（三）C_1 终点标准比色液制备

量取 180 mL pH=5.3 缓冲液，放入 500 mL 锥形瓶中，加缓冲保护胶溶液 3 mL。然后逐滴加入 2%松香乙醇溶液，使生成的混浊与 C_1 试样的混浊程度相似，最后加甲基红指示剂 8 滴。

（四）C_2 终点标准比色液制备

制备方法与 C_1 终点标准比色液制备方法相同。但加入 2%松香乙醇溶液的量要使其混浊程度与 C_2 试样的相似。

（五）滴定

用 20 mL 滴瓶以差重法取试样 0.5~0.6 g（准确到 0.0001 g），放于 1000 mL 容量瓶中（注意勿滴在瓶颈上），加入 3 mL 无水乙醇，待试样完全溶解后，小心摇荡，边摇边加蒸馏水，此时生成白色的混浊液，继续加蒸馏水至刻度。

第一次滴定（也称 V 滴定）。用滴定管量取上述试样溶液 100 mL，放于 500 mL 锥形瓶中，加蒸馏水 40 mL 和 0.5% 淀粉指示剂 2 mL，用力摇荡。用 0.01 mol/L 碘标准液滴定至溶液突然呈明显的蓝色，并保持半分钟不消失即到终点。此时碘标准液消耗量为 V（mL）。

第二次滴定（也称 C_1 滴定）。向经第一次滴定后的溶液加 1~2 滴 0.1% 硫代硫酸钠溶液使蓝色消失。加 8 滴 0.1% 甲基红指示剂，用力摇荡下，以 0.01 mol/L 碳酸钠标准液滴定（速度宜快），直至与 C_1 终点标准比色液同色为终点。此时碳酸钠标准液的消耗量为 C_1（mL）。

第三次滴定（也称 C_2 滴定）。另取试样溶液 100 mL，加 60 mL 蒸馏水和 8 滴 0.1% 甲基红乙醇指示剂，然后在用力摇荡下，以 0.01 mol/L 碳酸钠标准液滴定，直至与 C_2 终点标准比色液同色为终点。此时碳酸钠标准液的消耗量为 C_2（mL）。

五、计算

$$二甲酚基二硫代磷酸含量 = \frac{(V + C_2 - C_1)N \times 0.310}{W} \times 100\%$$

实验五十六　　铁铬盐木质素的分析

铁铬盐木质素学名为铁铬木素磺酸盐，棕色粉末。它是一种水溶性高分子有机物，其主要成分为木素磺酸盐。在浮选工艺中常用作硅酸盐脉石抑制剂。

铁铬盐木质素的分析包括五项内容：（1）水分的测定；（2）水不溶物的测定；（3）pH 值的测定；（4）钙的测定；（5）全 Cr^{3+} 的测定。

一、水分的测定

（一）主要仪器

精密天平、称量瓶、烘箱。

（二）步骤

将称量瓶预先在 100~105 ℃ 烘箱中烘至恒重，称取 25 g 试样，放在 100~105 ℃ 烘箱内烘至恒重。最后两次称重之差不超过 0.1 g 为止。

（三）计算

$$水分含量 = \frac{W - G}{W} \times 100\%$$

式中　W——试样质量，g；

　　　G——烘干后试样质量，g。

二、水不溶物的测定

（一）主要仪器

精密天平、电炉、玻璃漏斗、烘箱。

（二）步骤

称取 5 g 试样，放于 300 mL 烧杯中，加 100 mL 蒸馏水溶解。加热至沸腾。将溶液趁热过滤（滤纸预先称重），用温蒸馏水洗 3~4 次。然后把滤渣连同滤纸一起放进 105~110 ℃烘箱中烘至恒重，最后两次称重之差不超过 0.0005 g 为止。

（三）计算

$$水不溶物含量 = \frac{G_1 - G_2}{W(1 - 水分含量)} \times 100\%$$

式中 G_1——滤渣加滤纸质量，g；

G_2——滤纸质量，g；

W——试样质量，g。

三、pH 值的测定

（一）主要仪器

精密天平、酸度计、烧杯。

（二）步骤

称取 1 g 试样，放于 100 mL 烧杯中，加 30 mL 蒸馏水溶解。以 pH 标准溶液为基准，用酸度计进行测定。

四、钙的测定

（一）原理

用灼烧法或氧化法排除木素的干扰。然后在碱性溶液中，用 EDTA（乙二胺四乙酸二钠）标准液进行滴定，以硫酸钙为计算基础。

（二）主要仪器

精密天平、瓷坩埚、电炉、烧杯、量筒、漏斗、容量瓶。

（三）主要试剂

浓硫酸、浓盐酸、氢氧化钠。

（四）步骤

用 40 mL 瓷坩埚称取 2 g 试样，放在电炉上烧 1 h 以上，取下瓷坩埚，冷却至室温。用蒸馏水提取灰分 2~3 次（每次 30 mL），提取液收集于 400 mL 烧杯中。

未被蒸馏水提取（不溶解）的灰分，加 10 mL 浓盐酸浸泡 5~10 min。然后把瓷坩埚内的全部溶液倒入上述 400 mL 烧杯中，用蒸馏水洗涤瓷坩埚，洗液并入烧杯，使杯中溶液约 200 mL。把 400 mL 烧杯放在电炉上加热，使灰分全部溶解。用 4 mol/L 氢氧化钠溶液调整溶液的 pH 值为 5～6（为减少或避免 Ca^{2+}、Mg^{2+} 等阳离子与氢氧化铁（$Fe(OH)_3$）产生沉淀，pH 值应偏酸性，不得大于 7），趁热过滤，滤液用 500 mL 容量瓶接收，用热蒸馏水洗涤沉渣数次，洗液并入容量瓶，用蒸馏水加至刻度，摇匀，以备滴定。

准确吸取上述试样 25 mL，放于 250 mL 锥形瓶中，用蒸馏水稀到 100 mL，加 4 mol/L 氢氧化钠溶液调整 pH 值为 11.5～12，加 0.2～0.3 g 钙指示剂，用 0.01 mol/L EDTA 标准液进行滴定，溶液由红色变成纯蓝色为终点。

（五）计算

$$硫酸钙含量 = \frac{V_1 M \times 0.136}{\dfrac{25}{500} W \times G} \times 100\%$$

式中　V_1——EDTA 标准液消耗的体积，mL；

　　　M——EDTA 标准液的浓度，0.01 mol/L；

　　　W——试样质量，g；

　　　G——烘干后试样质量，g。

五、全 Cr^{3+}（三价铬）的测定

（一）原理

在强酸性溶液中，用过硫酸铵氧化除去溶液中有机物颜色。它在催化剂硝酸银的存在下，把溶液中的 Cr^{3+} 氧化成 Cr^{6+}，其反应如下：

$$Cr_2(SO_4)_3 + 3(NH_4)_2S_2O_8 + 7H_2O \longrightarrow H_2Cr_2O_7 + 3(NH_4)_2SO_4 + 6H_2SO_4$$

煮沸除去多余的过硫酸铵（$(NH_4)_2S_2O_8$），再用氯化钠还原生成 Mn^{2+}，其反应如下：

$$2HMnO_4 + 10NaCl + 7H_2SO_4 \longrightarrow 5Na_2SO_4 + 2MnSO_4 + 5Cl_2\uparrow + 8H_2O$$

煮沸除去所生成的多余氯气，即可制得含 Cr^{6+} 的溶液。Cr^{6+} 可用标准 Fe^{2+} 溶液滴定。

（二）主要仪器

精密天平、烧杯、棕色容量瓶、量筒、烘箱、移液管、锥形瓶、滴瓶、酸式滴定管。

（三）主要试剂

过硫酸铵、浓硫酸、1:1 硫酸溶液、2.5%硝酸银溶液、2.5%硫酸锰溶液、10%氯化钠溶液、重铬酸钾、1:1 盐酸、铁标准液、10%二氯化锡溶液、5%二氯化汞溶液、浓磷酸、硫磷混酸、二苯胺磺酸钠、硫酸亚铁铵。

（四）步骤

称 9 g 试样，放于 500 mL 容量瓶中，加蒸馏水至刻度，摇匀。

用移液管准确吸取上述制备的溶液 50 mL，放于 500 mL 锥形瓶中，加蒸馏水 250 mL，加 1∶1 硫酸 20 mL 及 15 g 过硫酸铵，加热至 80~90 ℃，使溶液变成蓝色。加 10 mL 2.5%硝酸银溶液及 15 滴 2.5% $MnSO_4$ 溶液，煮沸，此时溶液变成红色（如溶液不变成红色，则使溶液冷至室温，再加 5 g 过硫酸铵，再煮沸，直至溶液呈稳定红色为止）。再继续煮沸 10~15 min，加入 10 mL 10%氯化钠溶液使溶液红色消失（如红色不消失，再补加 10%氯化钠溶液，直至溶液的红色褪去为止）。再煮沸 15 min，冷却至室温。用煮沸并冷却的蒸馏水稀至 250 mL 左右。

往上述溶液加 5 mL 磷酸，8 滴 0.5%二苯胺磺酸钠指示剂，用 0.1 mol/L 硫酸亚铁铵标准液滴定，溶液由紫蓝色变成绿色为终点。

（五）计算

$$全 Cr^{3+} 含量 = \frac{KVN}{\frac{50}{500}W} \times 100\%$$

式中　K——硫酸亚铁铵标准液对重铬酸钾标准液的换算系数；

　　　V——硫酸亚铁铵标准液消耗的体积，mL；

　　　N——重铬酸钾标准液当量浓度，g/mL；

　　　W——试样质量，g。

6.2　废水中微量有机浮选药剂的测定

随着选矿工业的日益发展，各类有机浮选药剂在选矿工艺中得到广泛应用，同时也给自然生态环境的许多方面造成危害。残留在选矿废水中的有机浮选药剂，或多或少都具有一定的毒性，若排入天然水系，将会污染环境。可能对矿区人民生活及生物的生长带来不同程度的影响。因此治理选矿废水，保护矿区环境的问题也越来越突出。欲知环境被污染的情况，或了解治理措施所产生的效果，往往需要测定尾矿水或矿区水质中微量有机浮选药剂的含量。为此，本节介绍废水中常用有机浮选药剂的分析方法。

实验五十七　废水中黄原酸盐的测定

黄原酸盐俗称黄药，是有色金属矿山广泛应用的捕收剂。

（一）原理

在微酸性溶液中，黄药与硫酸镍作用，生成黄色能溶于有机溶剂的黄原酸镍配合物。用甲苯提取后，其黄药深浅与水中黄药的含量成正比，借此进行比色定量。本法测定的是游离黄原酸盐的总量。主要反应式为：

$$ROCSSMe \Longrightarrow ROCSS^+ + Me^-$$

$$2ROCSS^- + Ni^{2+} \Longrightarrow (ROCSS)_2Ni$$

式中，Me 为 Na 或 K。

（二）主要仪器

精密天平、量筒、容量瓶、玻璃漏斗、真空干燥箱、分流漏斗、比色管、烧杯、注射器、分光光度计。

（三）主要试剂

冰乙酸、乙酸钠、乙酸缓冲液、硫酸镍、甲苯、无水硫酸钠、浓盐酸、乙醚、丙酮、纯黄药。

（四）步骤

1. 黄药标准溶液的制备

准确称取黄药 0.1 g（准确至 0.0001 g），溶于不含 CO_2 的蒸馏水中，并稀释到 100 mL。临用前以蒸馏水稀释成为 100 μg/mL 的标准溶液。

2. 标准曲线的绘制

分别量取黄药标准溶液 0 mL、0.5 mL、1.0 mL、2.0 mL、4.0 mL、8.0 mL 和 10.0 mL，放于盛有 40 mL 蒸馏水的 7 个 125 mL 分流漏斗中，用蒸馏水将各分液漏斗的溶液体积补加到 100 mL，然后向分液漏斗中加入 5 mL 乙酸缓冲溶液、5 mL 硫酸镍溶液，摇匀，放置 5 min，加入 5 mL 甲苯，振荡 5 min，静置分层后，将甲苯层移入 10 mL 比色管中，用少量无水硫酸钠脱水。

在分光光度计上，用 2 cm 比色槽，测定 420 nm 波长处的吸光值。以各标准液中黄药的质量（μg）与所得吸光值绘制标准曲线。

3. 试样的测定

准确量取 100 mL（视废水中黄药残留量的不同，取量应酌情增减）水样，放于 125 mL 分液漏斗中，加入定量的 0.1 mol/L 盐酸（当水样为碱性时，须另取 100 mL 水样，以酚酞作指示剂，用 0.1 mol/L 盐酸溶液滴定至无色，求得盐酸体积（mL））溶液。以下操作同上述标准溶液的测定，从标准曲线可查出试样溶液的黄药含量。

（五）计算

$$黄药含量(mg/L) = \frac{相当于标准的体积(μg)}{取水样的体积(mL)}$$

实验五十八　废水中松醇油的测定

松醇油为黄棕色透明油状液体，在浮选工艺上，它作为起泡剂被广泛应用。

含有松醇油的尾矿水排入天然水系，污染水体，从而危害水生动、植物。松醇油在地面水中的最高允许浓度为 0.2 mg/L。废水中松醇油的测定可用香草醛比色法。

（一）原理

水中的松醇油用二氯甲烷提取，在 65 ℃和 6 mol/L 以上盐酸存在的条件下与香草醛反应生成蓝色产物，比色定量。

苯酚、丙酮苯胺及汽油含量超过松醇油含量 10 倍以上时对测定略有干扰。

（二）主要仪器

精密天平、棕色试剂瓶、量筒、容量瓶、分流漏斗、注射器、比色管、恒温水浴锅。

（三）主要试剂

二氯甲烷、无水乙醇、浓盐酸、香草醛（3-甲氧基-4-羟基苯甲醛）、3%香草乙醇溶液、松醇油。

（四）步骤

1. 3%香草乙醇溶液的制备

称取 3 g 香草醛，溶于无水乙醇中，并稀释至 100 mL，保存于棕色试剂瓶中。

2. 松醇油标准溶液的制备

在 25 mL 容量瓶中加入 20 mL 无水乙醇，盖好瓶塞，放在分析天平上称重，然后用 1 mL 注射器加入 2~3 滴松醇油，再称重，两次质量之差即为松醇油的净重，加无水乙醇至刻度，摇匀，计算出每毫升溶液中含松醇油的体积（mL），取此溶液用无水乙醇稀释成 1 mL 含 200.0 μg 松醇油的标准溶液。

3. 标准曲线的绘制

取 125 mL 分流漏斗 8 个，分别加入松醇油标准溶液 0 mL、0.05 mL、0.10 mL、0.20 mL、0.40 mL、0.60 mL、0.80 mL 和 1.00 mL，各加蒸馏水 50 mL，混匀后每次用 5 mL 二氯甲烷连续提取 3 次，收集二氯甲烷层于 50 mL 比色管中，备用。

上述各比色管中分别加入 2.5 mL 3%香草醛乙醇溶液和 2.5 mL 浓盐酸，于 65 ℃水浴中摇动比色管，使二氯甲烷挥尽（注意防止冲溅），继续在 65 ℃水浴中保温 20 min。取出后冷却至室温，在 30 min 内用分光光度计在 610 nm 波长处，用 2 cm 比色槽测定各溶液的吸光值，绘制标准曲线。

4. 试样的测定

准确量取 50 mL 水样（松醇油含量超过 0.2 mg 时，可少取水样，用蒸馏水稀释至 50 mL），放于 125 mL 分液漏斗中，每次用 5 mL 二氯甲烷连续提取 3 次，收集二氯甲烷层于 50 mL 比色管中，按绘制标准曲线的测定条件，测定其吸光值，从标准曲线上查出水样中松醇油的含量。

（五）计算

$$松醇油含量(mg/L) = \frac{相当于标准的质量(\mu g)}{取水样的体积(mL)}$$

实验五十九   废水中 P_{507} 的测定

P_{507} 的学名为 2-乙基己基酯。它是一种淡黄色或无色黏稠液体。工业用品含量为 93%～96%。难溶于水，易溶于有机溶剂中。P_{507} 广泛应用于萃取分离金属元素。它的结构式如下：

CH₃—CH₂—CH₂—CH₂—CH—CH₂—O   O
                        | ＼＼
                       C₂H₅   P
                                                 ／ ＼
CH₃—CH₂—CH₂—CH₂—CH—CH₂   OH
                        |
                       C₂H₅

（一）原理

P_{507} 在酸性介质中与硫氰酸铁生成棕黄色配合物，用四氯化碳等非极性溶液萃取后可以进行分光光度法比色测定。

（二）主要仪器

分光光度计、离心机、酸度计、分流漏斗、量筒、容量瓶。

（三）主要试剂

硝酸铁（分析纯）、硫氰酸铵（分析纯）、乙酸铵（分析纯）、乙酸铵饱和溶液、0.4 mol/L 硫氰酸铁溶液、四氯化碳、P_{507} 标准溶液。

（四）步骤

1. 乙酸铵饱和溶液制备

取一定量的蒸馏水，加入固体乙酸铵至不能完全溶解为止。

2. 0.4 mol/L 硫氰酸铁溶液制备

称取 15 g 硝酸铁于 250 mL 烧杯中，加入 100 mL 蒸馏水溶解，再称取 6 g 硫氰酸铵，在搅拌下慢慢加入上述硝酸铁溶液中，然后在酸度计上，用饱和乙酸铵溶液调节溶液 pH 值到 2.9。

3. P_{507} 标准溶液制备

称取 0.1 g（准确到 0.0001 g）纯 P_{507}，放于 100 mL 量瓶中，用四氯化碳溶解并稀释到刻度，摇匀，此溶液每毫升含 P_{507} 1 mg。吸取该溶液 10 mL 于另一 100 mL 容量瓶中,用四氯化碳稀释至刻度，摇匀，此溶液为每毫升含 P_{507} 100 μg 的标准溶液。

4. 标准曲线的绘制

分别取 P_{507} 标准溶液 0 mL、1 mL、2 mL、3 mL、4 mL 和 5 mL，放于 125 mL 分液漏斗中，用滴定管准确地补加四氯化碳至 10 mL 体积，加入 25 mL pH = 2.9 的蒸馏水（预先在酸度计上用稀硫酸和稀乙酸钠溶液调节好），加入硫氰酸铁溶液 25 mL，振荡 3 min。静置分层后把四氯化碳放入离心管中，在离心机上分离 5 min，然后吸取四氯化碳溶液放于 2 cm 比色槽中，在分光光度计上 420 nm 波长处测定其吸光值。以空白试剂作参比液。以测得的吸光值为纵坐标，P_{507} 的质量（μg）为横坐标，绘制标准曲线。

5. 水样的测定

根据水样中 P_{507} 的含量，取含 P_{507} 100 ~ 500 μg 的水样经稀释或浓缩至 25 mL，在酸度计上用稀硫酸和稀乙酸钠溶液调酸度至 pH = 2.9。把溶液移入 125 mL 分液漏斗中，加硫氰酸铁溶液 25 mL，摇匀，准确加入四氯化碳 10 mL，振荡 3 min。以下操作与标准曲线绘制相同。根据测得的吸光值，在标准曲线上查出水样 P_{507} 的含量。

（五）计算

$$P_{507}含量 （mg/L） = \frac{相当于标准的质量（\mu g）}{取水样的体积（mL）}$$

说明：萃取酸度对测定影响较大，因此试样溶液要在酸度计上调定，并且应与标准曲线绘制时的酸度一致。

附　　录

附录 1　常用元素的相对原子质量

附表 1.1　常用元素的相对原子质量

元素名称及符号	相对原子质量	元素名称及符号	相对原子质量	元素名称及符号	相对原子质量	元素名称及符号	相对原子质量
银 Ag	107.87	铬 Cr	51.996	锂 Li	6.941	磷 P	30.97
铝 Al	26.98	铜 Cu	63.55	镁 Mg	24.31	铅 Pb	207.20
硼 P	10.81	氟 F	18.998	锰 Mn	54.938	钯 Pd	106.4
钡 Ba	137.33	铁 Fe	55.845	钼 Mo	95.96	铂 Pt	195.08
溴 Br	79.90	氢 H	1.008	氮 N	14.007	硫 S	32.07
碳 C	12.01	汞 Hg	200.59	钠 Na	22.99	硅 Si	28.086
钙 Ca	40.08	碘 I	126.904	镍 Ni	58.69	锡 Sn	118.71
氯 Cl	35.45	钾 K	39.10	氧 O	15.999	锌 Zn	65.38

附录 2　常用酸碱溶液密度及组成

附表 2.1　盐酸

HCl 质量分数/%	相对密度 d_4^{20}	100 mL 水溶液中含 HCl 量/g	HCl 质量分数/%	相对密度 d_4^{20}	100 mL 水溶液中含 HCl 量/g
1	1.0032	1.003	22	1.1083	24.38
2	1.0082	2.006	24	1.1187	26.85
4	1.0181	4.007	26	1.1290	29.35
6	1.0279	6.167	28	1.1392	31.90
8	1.0376	8.301	30	1.1492	34.48
10	1.0474	10.47	32	1.1593	37.10
12	1.0574	12.69	34	1.1691	39.75
14	1.0675	14.95	36	1.1789	42.44
16	1.0776	17.24	38	1.1885	45.16
18	1.0878	19.58	40	1.1980	47.92
20	1.0980	21.96			

附表 2.2　硫酸

H₂SO₄质量分数/%	相对密度 d_4^{20}	100 mL 水溶液中含 H₂SO₄量/g	H₂SO₄质量分数/%	相对密度 d_4^{20}	100 mL 水溶液中含 H₂SO₄量/g
1	1.0051	1.005	65	1.5533	1010
2	1.0118	2.024	70	1.6105	112.7
3	1.0184	3.055	75	1.6692	125.2
4	1.0250	4.100	80	1.7272	138.2
5	1.0317	5.159	85	1.7786	151.2
10	1.0661	10.66	90	1.8144	163.3
15	1.1020	16.53	91	1.8195	165.6
20	1.1394	22.79	92	1.8240	167.8
25	1.1783	29.46	93	1.8279	170.0
30	1.2185	36.56	94	1.8312	172.1
35	1.2599	44.10	95	1.8337	174.2
40	1.3028	52.11	96	1.8355	176.2
45	1.3476	60.64	97	1.8364	178.1
50	1.3951	69.76	98	1.8361	179.9
55	1.4453	79.49	99	1.8324	181.6
60	1.4983	89.90	100	1.8306	183.1

附表 2.3　硝酸

HNO₃质量分数/%	相对密度 d_4^{20}	100 mL 水溶液中含 HNO₃量/g	HNO₃质量分数/%	相对密度 d_4^{20}	100 mL 水溶液中含 HNO₃量/g
1	1.0036	1.004	65	1.3913	90.43
2	1.0091	2.018	70	1.4134	98.94
3	1.0146	3.044	75	1.4337	107.5
4	1.0201	4.080	80	1.4521	116.2
5	1.0256	5.128	85	1.4686	124.8
10	1.0543	10.54	90	1.4826	133.4
15	1.0842	16.26	91	1.4850	133.4
20	1.1150	22.30	92	1.4873	135.1
25	1.1469	28.67	93	1.4892	136.8
30	1.1800	35.40	94	1.4912	138.5
35	1.2140	42.49	95	1.4932	140.2
40	1.2463	49.85	96	1.4952	141.9
45	1.2783	57.52	97	1.4974	143.5
50	1.3100	65.50	98	1.5008	145.2
55	1.3393	73.66	99	1.5056	149.1
60	1.3667	82.00	100	1.5129	151.3

附表 2.4　发烟硫酸

SO$_3$质量分数/%	相对密度d_4^{20}	100 mL 水溶液中含 SO$_3$量/g	SO$_3$质量分数/%	相对密度d_4^{20}	100 mL 水溶液中含 SO$_3$量/g
10	1.888	83.46	60	2.020	92.65
20	1.920	85.30	70	2.018	94.48
30	1.957	87.14	90	1.990	98.16
50	2.00	90.81	100	1.984	100.00

注：含游离 SO$_3$ 0~30%在 15 ℃为液体；含游离 SO$_3$ 30%~56%在 15 ℃为固体；含游离 SO$_3$ 56%~73% 在 15 ℃为液体；含游离 SO$_3$ 73%~100%在 15 ℃为固体。

附表 2.5　醋酸

CH$_3$COOH 质量分数/%	相对密度d_4^{20}	100 mL 水溶液中含 CH$_3$COOH 量/g	CH$_3$COOH 质量分数/%	相对密度d_4^{20}	100 mL 水溶液中含 CH$_3$COOH 量/g
1	0.996	0.9996	65	1.0666	69.33
2	1.0012	2.002	70	1.0685	74.80
3	1.0025	3.008	75	1.0696	80.22
4	1.0040	4.016	80	1.0700	85.60
5	1.0055	5.028	85	1.0689	90.86
10	1.0125	10.13	90	1.0661	95.95
15	1.0195	15.29	91	1.0652	96.93
20	1.0263	20.53	92	1.0643	97.92
25	1.0326	25.82	93	1.0632	98.88
30	1.0384	31.15	94	1.0619	99.82
35	1.0438	36.53	95	1.0605	100.7
40	1.0488	41.95	96	1.0588	101.6
45	1.0534	47.40	97	1.0570	102.5
50	1.0575	52.88	98	1.0549	103.4
55	1.0611	58.36	99	1.0524	104.2
60	1.0642	63.85	100	1.0498	105.0

附表 2.6　氨水

NH₃质量分数/%	相对密度 d_4^{20}	100 mL 水溶液中含 NH₃量/g	NH₃质量分数/%	相对密度 d_4^{20}	100 mL 水溶液中含 NH₃量/g
1	0.9939	9.94	16	0.9362	149.8
2	0.9895	10.79	18	0.9295	167.3
4	0.9811	39.24	20	0.9229	184.6
6	0.9730	58.38	22	0.9164	201.6
8	0.9651	77.21	24	0.9101	218.4
10	0.9575	95.75	26	0.9040	235.0
12	0.9501	114.0	28	0.8980	251.4
14	0.9430	132.0	30	0.8920	276.6

附表 2.7　氢氧化钠

NaOH质量分数/%	相对密度 d_4^{20}	100 mL 水溶液中含 NaOH 量/g	NaOH质量分数/%	相对密度 d_4^{20}	100 mL 水溶液中含 NaOH 量/g
1	1.0095	1.010	26	1.2848	33.40
2	1.0207	2.041	28	1.3064	36.58
4	1.0428	4.171	30	1.3279	39.84
6	1.0648	6.389	32	1.3490	43.17
8	1.0869	8.695	34	1.3696	46.57
10	1.1089	11.09	36	1.3900	50.04
12	1.1309	13.57	38	1.4101	53.58
14	1.1530	16.14	40	1.4300	57.20
16	1.1751	18.80	42	1.4494	60.87
18	1.1972	21.55	44	1.4685	64.61
20	1.2191	24.38	46	1.4873	68.42
22	1.2411	27.30	48	1.5065	72.31
24	1.2629	30.31	50	1.5253	76.27

附表 2.8　氢氧化钾

KOH 质量分数/%	相对密度 d_4^{20}	100 mL 水溶液中含 KOH 量/g	KOH 质量分数/%	相对密度 d_4^{20}	100 mL 水溶液中含 KOH 量/g
1	1.0083	1.008	28	1.2695	35.55
2	1.0175	2.035	30	1.2905	38.72
4	1.0359	4.144	32	1.3117	41.97
6	1.0544	6.326	34	1.331	45.33
8	1.0730	8.584	36	1.3549	48.78
10	1.0918	10.92	38	1.3769	52.32
12	1.1108	13.33	40	1.3991	55.96
14	1.1299	15.82	42	1.4215	59.70
16	1.1493	18.39	44	1.4443	63.55
18	1.1688	21.04	46	1.4673	67.50
20	1.1884	23.77	48	1.4907	71.55
22	1.2083	26.58	50	1.5143	75.72
24	1.2285	29.48	52	1.5382	79.99
26	1.2489	32.47			

附表 2.9　碳酸钠

$NaCO_3$ 质量分数/%	相对密度 d_4^{20}	100 mL 水溶液中含 $NaCO_3$ 量/g	$NaCO_3$ 质量分数/%	相对密度 d_4^{20}	100 mL 水溶液中含 $NaCO_3$ 量/g
1	1.0086	1.009	12	1.1244	13.49
2	1.0190	2.038	14	1.1463	16.05
4	1.0398	4.159	16	1.1682	18.69
6	1.0606	6.364	18	1.1905	21.43
8	1.0816	8.653	20	1.2132	24.26
10	1.1029	11.03			

附表 2.10　氢溴酸

HBr 质量分数/%	相对密度 d_4^{20}	100 mL 水溶液中含 HBr 量/g	HBr 质量分数/%	相对密度 d_4^{20}	100 mL 水溶液中含 HBr 量/g
10	1.0723	10.7	45	1.4446	65.0
20	1.1579	23.2	50	1.5173	75.8
30	1.2580	37.7	55	1.5953	87.7
35	1.3150	46.0	60	1.6787	100.7
40	1.3772	56.1	65	1.7675	114.9

附表 2.11　氢碘酸

IH 质量分数/%	相对密度 d_4^{20}	100 mL 水溶液中含 IH 量/g	IH 质量分数/%	相对密度 d_4^{20}	100 mL 水溶液中含 IH 量/g
10	1.0751	10.75	45	1.4755	66.40
20	1.1649	23.30	50	1.560	78.0
30	1.2737	38.21	55	1.655	91.03
35	1.3357	46.75	60	1.770	106.2
40	1.4029	56.12	65	1.901	123.6

附录3　常用有机溶剂的沸点和密度

附表 3.1　常用有机溶剂的沸点和密度

名称	沸点/℃	相对密度 d_4^{20}	名称	沸点/℃	相对密度 d_4^{20}
甲醇	64.96	0.7914	正丁醇	117.2	0.8098
乙醇	78.5	0.7893	二氯甲烷	40.0	1.3266
乙醚	34.6	0.7138	甲酸甲酯	31.5	0.9742
丙酮	56.2	0.7899	1,2-二氯乙烷	83.5	1.2351
二硫化碳	46.25	1.2632	甲苯	110.6	0.8669
乙酸	117.9	1.0492	硝基乙烷	115.0	1.0448
乙酐	139.5	1.0820	四氯化碳	76.5	1.5940
二氧六环	101.7	1.0337	氯仿	61.7	1.4832

附录4　常用试剂的配制

1. Benedict 试剂

溶解 20 g 柠檬酸钠和 11.5 g 无水碳酸钠于 100 mL 热水中，在不断搅拌下，把含有 2 g $CuSO_4 \cdot 5H_2O$ 的 20 mL 水溶液慢慢加入此溶液中，此混合溶液应十分清澈，否则应过滤。Benedict 试剂在放置时不易变质，不像 Fehling 试剂那样需要配制成 I、II 两种溶液分别保存，所以比 Fehling 试剂使用方便。

2. Fehling 试剂

Fehling 试剂由试剂 A 和试剂 B 组成，使用时将两者等体积混合。

Fehling 试剂 A：溶解 3.5 g $CuSO_4 \cdot 5H_2O$ 于 100 mL 水中，得淡蓝色 Fehling 试剂 A。若混浊，应过滤后使用。

Fehling 试剂 B：溶解酒石酸钾钠晶体 17 g 于 20 mL 水中，加入含 5 g 氢氧化钠水溶液 20 mL，稀释至 100 mL，即得 Fehling 试剂 B。

3. KI-I$_2$ 溶液配制方法

20 g 碘化钾溶于 100 mL 蒸馏水中，然后加入 10 g 研细的碘粉，搅拌至全溶，得深红色溶液。

4. Lucas 试剂

称取 34 g 无水氯化锌，放在蒸发皿中强热溶融，稍冷后放入干燥器中冷却至室温。取出捣碎，加入 23 mL 浓盐酸溶解（溶解时应不断搅拌，并将容器放在冷水浴中冷却，以防氯化氢逸出）。配好的试剂存放在玻璃瓶中。此试剂一般在用前现配。

5. Schiff 试剂

（1）在 100 mL 热水中，溶解 0.2 g 品红盐酸盐，冷却后，加入 2 g 亚硫酸氢钠和 2 mL 浓盐酸，再用水稀释至 200 mL。

（2）溶解 0.5 g 品红盐酸盐于 100 mL 热水中，冷却后，通入二氧化硫达到饱和，加入 0.5 g 活性炭，振荡，过滤再用蒸馏水稀释至 500 mL。

6. Tollen 试剂

在洁净的试管中加入 20 mL 5% 硝酸银溶液，1~2 滴 10% 的氢氧化钠溶液，振荡下滴加稀氨水（1 mL 浓氨水用 9 mL 水稀释），直到析出的氧化银沉淀恰好溶解为止，此即为 Tollen 试剂。

7. 饱和溴水

溶解 15 g 溴化钾于 100 mL 水中，加入 10 g 溴，振荡。

8. 饱和 NaHSO$_3$ 溶液

在 40% 的 100 mL 亚硫酸钠溶液中，加入 25 mL 不含醛的无水乙醇。混合后，如有少量的 NaHSO$_3$ 固体析出则需要过滤。此溶液不稳定，一般在实验前随配随用。

9. 铬酸试剂

用重铬酸钾 20 g 溶于 40 mL 水中，加热溶解，冷却，缓慢加入 320 mL 浓硫酸即成，储于磨口细口瓶中。

10. 刚果红试纸

将 0.5 g 刚果红溶于 1000 mL 水中，加 5 滴醋酸。将滤纸条在此温热溶液中浸湿后，取出晾干，裁成纸条，试纸呈鲜红色。

11. 2,4-二硝基苯肼试剂

取 3 g 2,4-二硝基苯肼溶于 15 mL 浓硫酸中，所得到的溶液在搅拌下缓缓加入 70 mL 95% 乙醇和 20 mL 水的混合液中，过滤，将滤液保存在棕色瓶中备用。

12. 苯肼试剂

（1）将 5 mL 苯肼溶于 50 mL 10%的乙酸溶液中，加入活性炭 0.5 g，过滤，装入棕色瓶中储存备用。

（2）溶解 5 g 苯肼盐酸盐于 160 mL 水中（必要时可微热助溶），加 0.5 g 活性炭脱色，过滤。在滤液中加 9 g 结晶醋酸钠，搅拌溶解，储存在棕色瓶中备用。

（3）将 2 份质量的苯肼盐酸盐与 3 份质量的无水醋酸钠混合均匀，研磨成粉末，储存在棕色瓶中。用时可取适量混合物溶于水，直接使用。

13. 淀粉溶液的配制

用 7.5 mL 冷水和 0.5 g 淀粉充分混合成一均匀的悬浮物，勿使块状物存在，将此悬浮物倒入 67 mL 沸水中，继续加热几分钟即得淀粉溶液。

14. α-苯酚乙醇溶液

取 2 g α-萘酚溶于 20 mL 95%乙醇中，用 95%乙醇稀释至 100 mL，储存在棕色瓶中，一般现用现配。

15. 谢里瓦诺夫试剂

0.05 g 间苯二酚溶于 50 mL 浓盐酸中，再用水稀释至 100 mL。

16. 硝酸汞试剂（米隆试剂）

将 1 g 金属汞溶于 2 mL 浓硝酸中，用两倍水稀释，放置过夜，过滤即得。它主要含有汞或亚汞的硝酸盐和亚硝酸盐，此外，还含有过量的硝酸和少量的亚硝酸。

附录 5　常用有机试剂的纯化

市售试剂的规格一般分为一级（GR）试剂、二级（AR）试剂、三级（CP）试剂、四级（LR）试剂。大多数有机试剂与溶剂性质不稳定，久贮易变质，而化学试剂和溶剂的纯度直接关系到反应速率、反应产率及产物的纯度，因此实验室常常需要对试剂与溶剂进行纯化处理。

1. 甲醇

市售的甲醇大多数是通过合成法制备，其中可能存在的杂质为水、丙酮、乙醇和甲基甲酰胺，一般蒸馏即可纯化。由于甲醇和水不能形成恒沸混合物，可用高效精馏柱分馏制得无水甲醇。若含水量低于 0.1%，也可用 3A 型或 4A 型分子筛干燥。

制取绝对无水甲醇：3 L 无水甲醇加入清洁镁片 25 g，分三次加入碘粉 4 g，加热至沸，待反应缓慢时再回流（冷凝管上端接无水氯化钙干燥管）2 h。改成蒸馏装置蒸馏。沸点为 64.6 ℃。甲醇有毒，处理时应避免吸入其蒸气。

2. 氯仿

普通用的氯仿含有 1% 乙醇，这是为了防止氯仿分解为有毒的光气，作为稳定剂加进去。为了除去可能存在的盐酸，先用稀氢氧化钠溶液洗涤，再用氯仿一半体积的水振荡洗涤 2~3 次，氯仿层用无水氯化钙干燥后蒸馏。沸点为 61.2 ℃。

另一种精制方法是将氯仿与少量浓硫酸一起振荡两三次。每 1000 mL 氯仿，用浓硫酸 50 mL。分区酸层后的氯仿用水洗涤，干燥，然后蒸馏。除去乙酸的污水氯仿应保存在棕色瓶子里，并且不要见光，以免分解。

3. 二氯甲烷

二氯甲烷为无色挥发性液体，蒸气不燃烧，与空气混合也不发生爆炸，微溶于水，能与醇、醚混合。它可以代替醚做萃取溶剂用。

二氯甲烷纯化，可用浓硫酸振摇数次，至酸层无色为止。水洗后，用 5% 的碳酸钠洗涤，再用水洗。以无水氯化钙干燥，蒸馏，沸点为 38.5~41 ℃。纯化后的二氯甲烷应储存在棕色瓶内，避免在空气中久置。二氯甲烷不能用金属钠干燥，否则会发生爆炸。

4. 四氯化碳

用浓硫酸振摇直至酸层无色，然后用水洗，以无水氯化钙干燥，蒸馏，沸点为 76.8 ℃。四氯化碳不能用金属钠干燥，否则会发生爆炸。

5. 甲酸

加入新制无水硫酸铜，放置数日，然后蒸馏，沸点为 100.7 ℃。

6. 乙醇

市售的无水乙醇一般只能达到 99.5% 的纯度，而在许多反应中则需要更高纯度的乙醇，因此在工作中经常需要自己制备绝对乙醇。因 95.5% 的乙醇和 4.5% 的水可形成恒沸物，不能用工业用的 95% 乙醇直接制备无水乙醇。应先加入氧化钙（生石灰）煮沸回流，使乙醇中的水和生石灰作用生成氧化钙，再将无水乙醇蒸出，得到的无水乙醇的纯度可达 99.5%。例如，在 250 mL 的圆底烧瓶中，放入 25 g 生石灰、100 mL 95% 乙醇，装上带有无水氯化钙干燥管的回流冷凝管，加热回流 2~3 h 后改成蒸馏装置，进行蒸馏，收集到 70~80 mL 99.5% 的无水乙醇。若需要纯度更高的无水乙醇，可用金属镁或金属钠处理。

用金属镁制取绝对无水乙醇（99.99%）：无水乙醇 3 L 加入清洁镁片 15 g，分三次加入碘粉 3 g，加热回流（冷凝管上端接无水氯化钙干燥管）0.5 h 后加入 4 g 邻苯二甲酸二乙酯，再回流 10 min。改成蒸馏装置进行蒸馏。

7. 乙二醇

乙二醇很容易潮解，常含有高级的二元醇。精制时用氧化钙、硫酸钙、硫酸镁或氢氧化钠干燥后减压蒸馏。蒸馏液通过 4A 分子筛，再在氮气流中加入分子筛蒸馏，沸点为 68 ℃（533 Pa, 4 mmHg），197.9 ℃（0.1 MPa, 760 mmHg）。

8. 乙醚

市售的乙醚中常含有一定量的水、乙醇和少量过氧化物等杂质，对一些要求以无水乙醚作为溶剂的反应（如 Grignard 反应），不仅影响反应的进行，且易发生危险。实验室中常常需要把普通乙醚提纯为无水乙醚。

制取无水乙醚：1 L 乙醚用 5~10 mL 硫酸亚铁溶液（硫酸亚铁 6 g、浓硫酸 6 mL 溶于 110 mL 水中）或 10% 亚硫酸钠溶液振荡，水洗。以无水氯化钙干燥 24 h，过滤，进一步用钠丝干燥，临用前重蒸，沸点为 34.6 ℃。

9. 二氯乙烷

用浓硫酸振摇除去其中抗氧化的醇，再依次用水、稀氢氧化钠溶液或碳酸钠溶液、水洗，以无水氯化钙干燥，分馏，沸点 83.4 ℃。

10. 乙腈

市售的乙腈常含有水、不饱和腈、醛、乙酰胺和氨等杂质。精制时将试剂乙腈用无水碳酸钾干燥、过滤，再与五氧化二磷加热回流（20 g/L），直至无色，用分馏柱分馏，沸点为 81.6 ℃。

11. 冰醋酸

市售的冰醋酸常含有微量水、乙醛及其可氧化物质，加入适量乙酸酐除去所含的水再与 2% 三氧化铬共热（加热至刚刚低于乙酸的沸点）1 h 或与 2%~5% 高锰酸钾回流，然后分馏，沸点为 118 ℃。

12. 二甲亚砜

二甲亚砜是一种优异的非质子极性溶剂，常压下加热至沸腾可部分分解。市售二甲亚砜含水量约为 1%。纯化时，通常先减压蒸馏，然后用 4A 分子筛干燥，再减压蒸馏，收集 64~65 ℃/533 Pa（4 mmHg）、71~72 ℃/2.80 Pa（21 mmHg）的馏分。蒸馏时，温度不宜高于 90 ℃，否则会发生歧化反应生成二甲亚砜和二甲硫醚。二甲亚砜与某些物质（如氢化钠、高锰酸或高氯酸镁等）混合时可发生爆炸，应注意安全。

13. 异丙醇

一般蒸馏即可。若较多的水可与氧化钙回流数小时，蒸馏。蒸馏液进一步用 5A 分子筛或无水硫酸铜干燥。沸点为 82.5 ℃。

14. 丙酮

工业丙酮：加 0.1% 高锰酸钾摇匀，放 1~2 d 或回流 4 h 至高锰酸钾颜色不褪，用无水硫酸钙干燥，重蒸。

无水丙酮：丙酮 5 L 加无水碳酸钾干燥 24 h，蒸馏，沸点为 56.2 ℃。

15. N,N-二甲基甲酰胺

市售三级纯以上的 N,N-二甲基甲酰胺含量不低于 95%，主要杂质为胺、氨、甲醛和水。常压蒸馏会有些分解。纯化时，通常先用硫酸钙或硫酸镁干燥 24 h，再加氢氧化钾振摇干燥，减压蒸馏，收集 76 ℃/4.79 kPa （36 mmHg） 的馏分。N,N-二甲基甲酰胺可见光慢慢分解为二甲胺和甲醇，应避光储存。

16. 正丁醇

用硫酸镁、氧化钙、固体氢氧化钠或分子筛干燥，然后蒸馏，沸点为117.7 ℃。

17. 乙酸乙酯

市售的乙酸乙酯中含有少量的水、乙醇和乙酸等杂质。纯化时，用等体积的5%碳酸钠溶液洗涤 1～2 次，再用饱和氯化钙水溶液洗涤，以无水碳酸钾进行干燥。过滤后蒸馏，沸点为 77.1 ℃。

18. 四氢呋喃

市售的四氢呋喃含有少量水和过氧化物等杂质。纯化时，可将市售的四氢呋喃与氢化锂铝在隔绝潮气下回流 （通常 1000 mL 需 2～4 g 氢化锂铝），以除去水和过氧化物，然后在常压下蒸馏。收集的馏分加入钠丝和二苯酮，出现深蓝色的化合物，加热回流蓝色不褪。在氮气保护下蒸馏，收集 66～67 ℃ 的馏分。精制后的四氢呋喃应在氮气中保存，如需久置，应加 0.025% 4-甲基-2,6-二叔丁基苯酚作抗氧化剂。

19. 二氧六环

市售的二氧六环含有乙醛、乙酸、水和过氧化物等杂质。纯化时，可在 2 L二氧六环中加入盐酸水溶液 （浓盐酸 27 mL 与 200 mL 水），回流 12 h，同时慢慢通入氮气除去乙醛。冷却后，加入粒状氢氧化钾直至不再溶解，分层，二氧六环再用粒状氢氧化钾干燥 1 d，过滤，移入干净的烧瓶内与金属钠回流 6～12 h，蒸馏，沸点为 101.3 ℃。馏分加入钠丝保存。

20. 石油醚

石油醚为轻质石油产品，是低于相对分子质量烃类 （主要是戊烷和己烷） 的化合物。其沸程为 30～150 ℃，收集的温度区间一般为 30 ℃ 左右，如有 30～60 ℃、60～90 ℃、90～120 ℃、120～150 ℃ 等沸程规格的石油醚。石油醚中含有少量不饱和烃，沸点和烷烃相近，不能用蒸馏法分离，必要时也用浓硫酸和高锰酸钾把它除去。通常将石油醚用其体积 1/10 的浓硫酸洗涤两三次，再用 10% 硫酸加入高锰酸钾配成饱和溶液洗涤，再用水、碳酸钠溶液洗，以无水氯化钙或无水硫酸钠干燥，蒸馏。

21. 环己烷

用 35% 发烟硫酸分次振摇至酸层无色，再依次用蒸馏水、10% 碳酸钠溶液、少量水洗，以无水硫酸钙或硫酸镁干燥，加入金属钠，放置，蒸馏，沸点为68.7 ℃。

22. 苯

普通苯可能含有少量噻吩。纯化时，苯加入浓硫酸（150 mL/L），分次振摇，直至酸层无色或淡黄色，以除去噻吩。再依次用水、10%碳酸钠溶液洗涤，少量蒸馏水洗，无水硫酸钙或分子筛干燥，过滤，蒸馏，沸点为80.1 ℃。

23. 苯胺

市售苯胺经常用氢氧化钾（钠）干燥。为除去含硫的杂质，可在少量氯化锌存在下，用氮气保护，水泵减压蒸馏，沸点为 77～78 ℃（2.00 kPa，15 mmHg）。在空气或光照下苯胺颜色变深，应密封储存于避光处。

24. 吡啶

分析纯的吡啶含有少量水。如果制得无水吡啶，可用粒状氢氧化钠或氢氧化钾一同回流，然后隔绝潮气蒸出备用。干燥的吡啶吸水性很强，保存时应将容器口用石蜡封好。

25. 甲苯

用无水氯化钙或硫酸钙干燥，加入金属钠，放置，临用时分馏，沸点为110.6 ℃。

26. 苯甲醛

苯甲醛在空气中易氧化成苯甲酸，使用前需经蒸馏，沸点为 64～65 ℃（1.60 kPa，12 mmHg）。

27. 亚硫酰氯

亚硫酰氯常含有氯化砜、一氯化硫、二氯化硫，一般经蒸馏纯化。搅拌下将硫黄（20 g/L）加入亚硫酰氯中，加热，回流4.5 h，用分馏柱分馏，得无色纯品。亚硫酰氯对皮肤与眼睛有刺激性，操作时要小心。

附录6　有机化学文献和手册中常见英文缩写

aa	acetic acid	醋酸
abs	absolute	绝对的
ac	acid	酸
Ac	acetyl	乙酰基
ace	acetone	丙酮
al	alchohol	醇（通常指乙醇）
alk	alkali	碱
Am	amyl［pentyl]	戊基
amor	amorphous	无定形的
anh	anhydrous	无水的

aq	aqueous	水的、含水的
as	asymmetric	不对称的
atm	atmosphere	大气、大气压
b	boiling	沸腾
bipym	bipyramidal	双椎体的
bk	black	黑（色）
bl	blue	蓝（色）
br	brown	棕（色）
bt	bright	嫩（色）
Bu	butyl	丁基
Bz	benzene	苯
c	cold	冷的（塑料表面），无光（彩）
chl	chloroform	氯仿
col	columns	柱、塔、列
col	colorless	无色
comp	compound	化合物
cone	concentrated	浓的
cr	crystals	晶体、结晶
d	decomposes	分解
dil	diluted	稀释、稀的
diox	dioxane	二噁烷、二氧杂环己烷
diq	deliquiescent	潮解的、易吸湿气的
distb	distillable	可蒸馏的
dk	dark	黑暗的，暗（颜色）
DMSO	dimethyi formamide	二甲基甲酰胺
Et	ethyl	乙基
Eth	ether	乙醚
exp	explodes	爆炸
et. ac	ethyl acetate	乙酸乙酯
fl	flakes	絮片体
flt. P.	freezing point	冰点、凝固点
fum	fuming	发烟的
gel	gelatinous	凝胶的
gl	glacial	冰的
glyc	glycerin	甘油

gold	golden	（黄）金的、金色的
gr	gray	灰（色的）
H	hot	热
hex	hexagonal	六方形的
hing	heating	加热的
hp	heptane	庚烷
hx	hexane	己烷
hyd	hydrate	水合物
i	insoluble	水溶（解的）
I	iso-	异
ign	ignite	点火、着火
infl	inflammable	易燃的
liq	liquid	液体、液态的
lt	light	轻的
m	meta	间位（有机物命名）、偏（无机酸）
Me	methyl	甲基
mior	microscopic	显微（镜）的、微观的
mol	monoclinic	单斜（晶）的
mut	mutarotatory	变旋光（作用）
n	normal chain refractive index	正链、折光率
nd	needles	针状结晶
o	ortho-	正、邻（位）
oct	octahedral	八面体
og	orange	橙色的
ord	ordinary	普通的
org	organic	有机的
orh	orthorhombic	斜方（晶）的
OS	organic solvent	有机溶剂
p	para-	对（位）
part	partial	部分的
peth	petroleum ether	石油醚
Ph	phenyl	苯基
pk	pink	桃红
pr	prisms	棱镜、棱柱体、三棱镜
pr	propyl	丙基

purl	purple	紫红（色）
pw	powder	粉末、火药
pym	pyramids	棱锥形、角锥
rac	racemic	外消旋的
rect	rectangular	长方（形）的
rh	rhombic	正交（晶）的
rh	rhombodral	菱形的、三角晶的
s	soluble	可溶解的
s	secondary	仲、第二的
sili	silvery	银的、银色的
so	solid	固体
sol	solution	溶液、溶解
solv	solvent	溶剂、有溶解力的
sph	sephenoidal	半面晶形的
st	stable	稳定的
sub	sublimes	升华
suc	supercooled	过冷的
sulf	sulfuric acide	硫酸
sym	symmetrical	对称的
t	tertiary	特某基、叔、第三的
ta	tabelts	平片体
tcl	triclinic	三斜（晶）的
tet	tetrahedron	四面体
tetr	tetragonal	四方（晶）的
THF	tetrahydrofuran	四氢呋喃
to	toluene	甲苯
tr	transparent	透明的
undil	undiluted	未稀释的
uns	unsymmetricial	不对称的
unst	unstable	不稳定的
vac	vacuum	真空
vap	vapor	蒸汽
visc	viscous	拈（滞）的
vt	viloet	紫色
W	water	水

wh	white	白（色）的
wr	warm	湿热的、加（温）
wx	waxy	蜡状的
xyl	xylene	二甲苯
yel	yellow	黄（色）的

附录7　常用共沸物组成

附表7.1　二元体系

共沸物		各组分沸点/℃		共沸物性质	
A 组分	B 组分	A 组分	B 组分	沸点/℃	组成（A 组分质量分数）/%
乙醇	水	75.5	100.0	78.2	95.6
正丙醇	水	97.2	100.0	88.1	71.8
正丁醇	水	117.7	100.0	93.0	55.5
糠醛	水	161.5	100.0	97.0	35.0
苯	水	80.1	100.0	69.4	91.1
甲苯	水	110.6	100.0	85.0	79.8
环己烷	水	81.4	100.0	69.8	91.5
甲酸	水	100.7	100.0	107.1	77.5
苯	乙醇	80.1	78.5	67.8	67.6
甲苯	乙醇	110.6	78.5	76.7	32.0
乙酸乙酯	乙醇	77.1	78.5	71.8	69.0
四氧化碳	丙酮	76.8	56.2	56.1	11.5
苯	醋酸	80.1	118.1	80.1	98.0
甲苯	醋酸	110.6	118.1	105.4	72.0

附表7.2　三元体系

共沸物			各组分沸点/℃			共沸物性质			
A 组分	B 组分	C 组分	A 组分	B 组分	C 组分	沸点/℃	A 组分质量分数/%	B 组分质量分数/%	C 组分质量分数/%
水	乙醇	苯	100.0	78.5	80.1	64.6	7.4	18.5	74.1
水	乙醇	乙酸乙酯	100.0	78.5	77.1	70.2	9.0	8.4	82.6
水	丙醇	乙酸乙酯	100.0	97.2	101.6	82.2	21.0	19.5	59.5

续附表 7.2

共沸物			各组分沸点/℃			共沸物性质			
A 组分	B 组分	C 组分	A 组分	B 组分	C 组分	沸点/℃	A 组分质量分数/%	B 组分质量分数/%	C 组分质量分数/%
水	丙醇	丙醚	100.0	97.2	91.0	74.8	11.7	20.2	68.1
水	异丙醇	甲苯	100.0	82.3	110.6	76.3	13.1	38.2	48.7
水	丁醇	乙酸丁酯	100.0	117.7	126.5	90.7	37.3	27.4	35.3
水	丁醇	丁醚	100.0	117.7	142.0	90.6	29.9	34.6	34.5
水	丙酮	氯仿	100.0	56.2	61.2	60.4	4.0	38.4	57.6
水	乙醇	四氯化碳	100.0	78.5	76.8	61.8	3.4	10.3	86.3
水	乙醇	氯仿	100.0	78.5	61.2	55.2	3.5	4.0	92.5

参 考 文 献

［1］李吉海，刘金庭．基础化学实验（Ⅱ）——有机化学实验［M］．北京：化学工业出版社，2007.

［2］林敏，周金梅，阮永红．小量-半微量-微量有机化学实验［M］．北京：高等教育出版社，2010.

［3］孙才英，于朝生．有机化学实验［M］．北京：化学工业出版社，2015.

［4］徐雅琴，杨玲，王春．有机化学实验［M］．北京：化学工业出版社，2010.

［5］崔玉，王志玲．有机化学实验［M］．北京：科学出版社，2015.

［6］方东，吴林，费正皓，等．有机化学实验［M］．苏州：苏州大学出版社，2022.

［7］熊万明，聂旭亮．有机化学实验［M］．2 版．北京：北京理工大学出版社，2020.

［8］叶彦春．有机化学实验［M］．3 版．北京：北京理工大学出版社，2018.

［9］何树华，朱晔，张向阳．有机化学实验［M］．2 版．武汉：华中科技大学出版社，2021.

［10］陆嫣，刘伟.有机化学实验［M］.成都：电子科技大学出版社，2017.

［11］刘文星．高等有机化学实验［M］.昆明：云南大学出版社，2019.

［12］王长青．有机化学实验［M］.兰州：兰州大学出版社，2022.

［13］北京矿冶研究总院《有机浮选药剂分析》组．有机浮选药剂分析［M］．北京：冶金工业出版社，1987.